U0652628

青少年应该知道的
地球百科知识

姜延峰◎编著

在未知领域 我们努力探索
在已知领域 我们重新发现

延边大学出版社

图书在版编目（CIP）数据

青少年应该知道的地球百科知识 / 姜延峰编著．
—延吉：延边大学出版社，2012.4（2021.1 重印）
ISBN 978-7-5634-3052-9

Ⅰ．①青… Ⅱ．①姜… Ⅲ．①地球—青年读物
②地球—少年读物 Ⅳ．① P183-49

中国版本图书馆 CIP 数据核字 (2012) 第 051758 号

青少年应该知道的地球百科知识

编　　　著：姜延峰
责 任 编 辑：林景浩
封 面 设 计：映象视觉
出 版 发 行：延边大学出版社
社　　　址：吉林省延吉市公园路 977 号　　邮编：133002
网　　　址：http://www.ydcbs.com　　E-mail：ydcbs@ydcbs.com
电　　　话：0433-2732435　　传真：0433-2732434
发行部电话：0433-2732442　　传真：0433-2733056
印　　　刷：唐山新苑印务有限公司
开　　　本：16K　690×960 毫米
印　　　张：10 印张
字　　　数：120 千字
版　　　次：2012 年 4 月第 1 版
印　　　次：2021 年 1 月第 3 次印刷
书　　　号：ISBN 978-7-5634-3052-9

定　　　价：29.80 元

大约在 50 亿年前，银河系里弥漫着大量的星云物质。它们因自身引力作用而收缩，在收缩过程中产生的漩涡使星云破裂成许多"碎片"。其中，形成太阳系的那些碎片，就称为太阳星云。太阳星云中含有不易挥发的固体尘粒。这些尘粒相互结合，形成越来越大的颗粒环状物，并开始吸附周围一些较小的尘粒，从而使体积日益增大，逐渐形成了地球星胚。地球星胚在一定的空间范围内运动着，并且不断地壮大自己。于是，原始地球就形成了。原始地球经过不断的运动与壮大，最终形成了今天的模样。

地球是一个美丽的家园，它包括地球厚被的大气圈，大气圈保护地表避免太阳辐射直接照射，尤其是紫外线；也可以减少一天当中极端温差的出现。蓝色家园的水圈，水圈是地球外圈中作用最为活跃的一个圈

层，也是一个连续不规则的圈层。生物领地的生物圈是指地球上凡是出现并感受到生命活动影响的地区，是地表有机体包括微生物及其自下而上环境的总称，是行星地球特有的圈层。它也是人类诞生和生存的空间。生物圈是地球上最大的生态系统，也是最大的生命系统。地球的骨架岩石圈，岩石圈是由岩石组成的，包括地壳和上地幔顶部。

漫长的时间，地球的结构在不断改变，逐渐形成了今天的七大洲四大洋，七大洲包括欧洲、亚洲、非洲、北美洲、南美洲、大洋洲、南极洲。四大洋包括太平洋、大西洋、印度洋、北冰洋。

地壳运动是由于地球内部原因引起的组成地球物质的机械运动。它可以引起岩石圈的演变产生断层，褶皱，形成了高山、盆地、海洋、平原，以及千奇百怪的自然美景，遗留了多姿多样的矿物宝石。

然而，地球的自然灾害也是不可避免的，地震、火山、龙卷风、旱灾也给人们的生活带来了威胁。

目 录
CONTENTS

第❶章

地球，美丽的家园

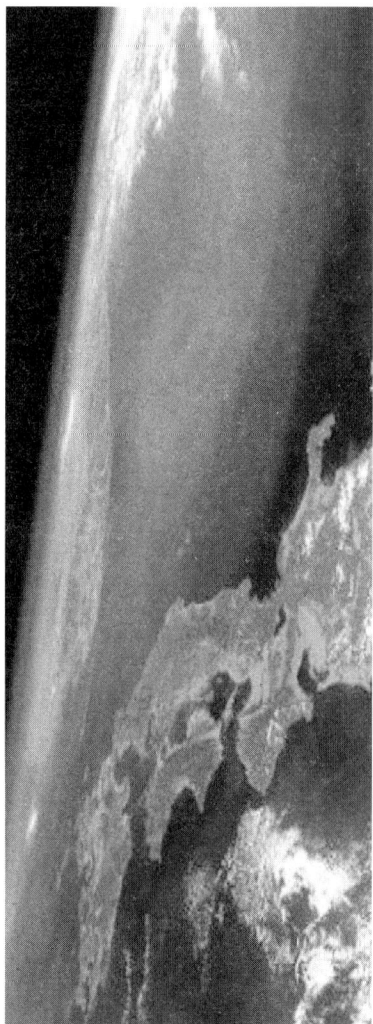

第❷章

地球概况

第❸章

大洲与海洋

第❹章

地球自然灾害

第**5**章
地球人文

地

球，美丽的家园

第一章

　　地球是太阳系中接近太阳的第三颗行星，地球并不是一个规则球体，而是一个两极稍扁、赤道略鼓的不规则球体。地球的赤道半径约长6378.137千米，周围有大气层包围着，表面是陆地和海洋，有人类、动植物和微生物。

大气圈：地球的厚被

Da Qi Quan：Di Qiu De Hou Bei

大气圈又叫大气层，地球就被这一层很厚的大气层包围着。大气层的成分主要有氮气，占 78.1%；氧气占 20.9%；氩气占 0.93%；还有少量的二氧化碳、稀有气体（氦气、氖气、氩气、氪气、氙气、氡气）和水蒸气。大气层的空气密度随高度而减小，高度越高空气越稀薄。大气层的厚度大约在 1 000 千米以上，但没有明显的界限。整个大

※ 大气圈

气层随高度不同表现出不同的特点。大气层保护地表避免太阳辐射直接照射，尤其是紫外线，也可以减少一天当中极端温差的出现。

◎大气压

大气压是由地心引力对地球表面的一群混合气体所作的作用力，在地表大气压最大，愈往高处压力愈小。气压在海平面的平均值约 $1.01×10^5$ 帕（或称巴斯卡，Pascal，简称 Pa，国际单位制中的压力单位，1 帕＝1 牛顿/平方米），相当于 76 厘米汞柱，也就是一般所称的一大气压。大气压力随高度递减，在低空中每上升 5.5 千米，压力约减一半。

◎对流层

对流层在大气层的最底层，紧靠地球表面，对流层从地球表面开始向高空伸展，直至对流层顶，即平流层的起点为止。其厚度大约为 10～20 千米。它的高度因纬度而不同，在低纬度地区大约 17～18 千米，在中纬度的地区高 10～12 千米，在高纬度地区只有 8～9 千米。在高纬度的地区，因为地表的摩擦力会影响气流，形成了一个平均厚 2 千米的行星边界层。这一层的形成主要依靠地形而有所不同，而且亦会被逆流层的分隔，

※ 对流层

而与对流层的其他部分分开，是大气中最稠密的一层，总质量占大气层的四分之三还多。这一层的气温随高度的增加而降低，大约每升高 1000 米，温度下降 5℃～6℃。动、植物的生存，人类的绝大部分活动，也在这一层内。大气中的水汽几乎都集中于此，是展示风云变幻的"大舞台"：刮风、下雨、降雪等天气现象都是发生在对流层内，对流层最显著的特点是有强烈的对流运动。

◎平流层

对流层以上是平流层，大约距地球表面 20～50 千米。平流层的空气比较稳定，大气是平稳流动的，故称为平流层。在平流层内水蒸气和尘埃都很少，并且在 30 千米以下是同温层，其温度在 −55℃ 左右，温度基本不变，在 30～50 千米内温度随高度增加而略微升高。

平流层含有臭氧，具有吸收紫外线功能，保护地球上所有生物的

※ 平流层

3

生存和地表免于受阳光中强烈的紫外线致命的侵袭，又叫同温层。因为在同温层内部的臭氧层有吸收太阳辐射的功能，在此层的气温会随高度增加。

◎中间层

平流层以上是中间层，大约距地球表面50～85千米，这里的空气已经非常稀薄，平流层的突出特征是气温随高度增加而迅速降低，空气的垂直对流强烈。

◎暖层

中间层以上是暖层，暖层大约距地球表面100～800千米。暖层最突出的特征是当太阳光照射时，太阳光中的紫外线被该层中的氧原子大量吸收，因此温度升高，故称暖层。散逸层位于暖层之上，为带电粒子所组成。

该层内因臭氧含量很低，同时，能被氮、氧等直接吸收的太阳短波辐射已经大部分被上层大气所吸收，所以温度垂直递减率很大，对流运动强

※ 暖层

盛。中间层顶附近的温度约为190°；空气分子吸收太阳紫外辐射后可发生电离，习惯上称为电离层的D层；有时在高纬度地区夏季黄昏时有夜光云出现。

此层主要成分有臭氧、氧、二氧化碳、氮的氧化物，这些部分是由光化学作用引起的产物，故又称光化层。

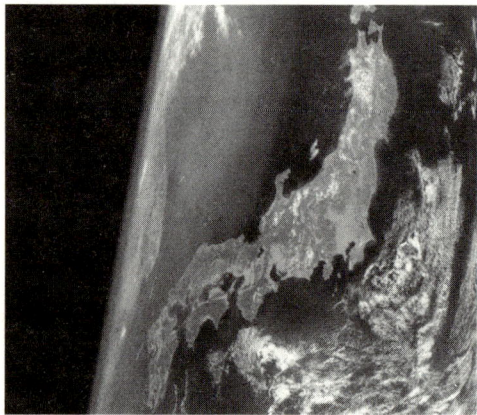

◎外大气层

在离地面500千米以上的是外大气层，叫做散逸层，磁力层，它是大气层的最外层，是大气层向星际空间过渡的区域，外面没有什么明显的边界。在通常情况下，上部界限在地磁极附近较低，近磁赤道上空在向太阳一侧，约有9～10个地球半径高，即大约有65 000千米高。在这里空气极其稀薄。

大气吸收地面辐射增温，并保存热量。对流层大气中的水汽和二氧化碳，对太阳短波辐射的吸收能力很差，但对地面长波辐射的吸收能力很强。据观测，地面辐射的75％～95％都被近地面40～50米厚的大气所吸收，使近地面大气增温。被大气吸收的地面辐射，除一小部分被大气辐射到宇宙空间外，大部分保存在大气中，使大气温度升高。

大气在增温的同时，也在向外辐射热量，称为大气辐射。大气辐射中投向地面的部分，因其方向与地面辐射相反，称为大气逆辐射。它补偿了地面辐射损失的一部分热量，使地面实际损失热量减少，起到保温作用。据计算，如果没有大气，地球表面平均温度应为－23℃，实际为15℃。大气的保温作用，使地面温度提高了38℃之多。

拓展思考

1. 人类活动对大气圈有什么影响？

2. 对流层厚度是如何随纬度变化的？为什么会出现这种变化？对流层的厚度会发生季节变化吗？

3. 为什么说平流层是人类生活环境的天然屏障？

水圈：蓝色的家园

水圈是地球外圈中作用最为活跃的一个圈层，也是一个连续不规则的圈层。它与大气圈、生物圈和地球内圈的相互作用，直接影响到人类活动的表层系统的演化。水圈也是外动力地质作用的主要介质，是塑造地球表面最重要的角色，如沟谷、河谷、瀑布都是流水侵蚀的作用形成的。溶洞、石林、石峰等喀斯特地貌都是流水溶蚀作用形成的。

水体存在方式不同，其作用方式也有很大的差别，按照水体存在的方式，可以将水圈划分为：海洋、河流、地下水、冰川、湖泊等五种主要类型。

◎水的储存形式

水圈中的水上达大气对流层顶部，下至深层地下水的下限。包括大气中的水汽、地表水、土壤水、地下水和生物体内的水。各种水体参加大小水循环，不断交换水量和热量。水圈中大部分水以液态形式储存于海洋、河流、湖泊、水库、沼泽及土壤中；部分水以固态形式存在于极地的广大冰原、冰川、积雪和冻土中；水汽主要存在于大气中。三者常通过热量交换而部分相互转化。

◎水圈的储量

地球上的总水量约 13.86 亿立方千米，其中海洋占 97.2%，覆盖了地球表面积的 71%。地表水约 23 万立方千米，其中淡水只有一半，约占地球总水量的万分之一。地下水总量为 840 万立方千米，大气中水量为 1.3 万立方千米。地球上的水以气态、液态和固态三种形式存在于空中、地表和地下，这些水不停地运动着和相互

※ 水圈

转化着，以水循环的方式共同构成水圈，是地球外圈中作用最为活跃的一个圈层。

◎水圈形成

地球是太阳系八大行星之中唯一被液态水所覆盖的星球，地球上水的起源在学术上存在很大的分歧，目前有几十种不同的水形成学说。有观点认为在地球形成初期，原始大气中的氢、氧化合成水，水蒸气逐步凝结下来并形成海洋。也有观点认为，形成地球的星云物质中原先就存在水的成分。另外的观点认为，原始地壳中硅酸盐等物质受火山影响而发生反应、析出水分。还有观点认为，被地球吸引的彗星和陨石是地球上水的主要来源，甚至现在地球上的水还在不停增加。

地球刚刚诞生的时候，没有河流，也没有海洋，更没有生命，它的表面是干燥的，大气层中也很少有水分。地球是由太阳星云分化出来的星际物质聚合而成的，它的基本组成有氢气和氮气以及一些尘埃。固体尘埃聚集结合形成地球的内核，外面围绕着大量气体。地球刚形成时，结构松散，质量不大，引力也小，温度很低。后来，由于地球不断收缩，内核放射性物质产生能量，致使地球温度不断升高，有些物质慢慢变暖熔化，较重的物质，如铁、镍等聚集在中心部位形成地核，最轻的物质浮于地表。

※ 水圈形成

随着地球表面温度逐渐降低，地表开始形成坚硬的地壳。但因地球内部温度很高，岩浆活动就非常激烈。火山爆发十分频繁，地壳也不断发生变化，有些地方隆起形成山峰，有的地方下陷形成低地与山谷，同时喷发出大量的气体。由于地球体积不断缩小，引力也随之增加，此时，这些气体已无法摆脱地球的引力，从而围绕着地球，构成了"原始地球大气"。原始大气由多种成分组成，水蒸气便是其中之一。

组成原始地球的固体尘埃，实际上就是衰老了的星球爆炸而成的大量碎片，这些碎片多是无机盐之类的东西，在它们内部蕴藏着许多水分子，即所谓的结晶水合物。结晶水合物里面的结晶水在地球内部高温作用下离析出来就变成了水蒸气。喷到空中的水蒸气达到饱和时便冷却成云，变成雨，落成地面上，聚集在低洼处，逐渐积累成湖泊和河流，最后汇集到地表最低区域形成海洋。

地球上的水在开始形成时，不论湖泊或海洋，其水量不是很多，随着地球内部产生的水蒸气不断被送入大气层，地面水量也不断增加，经历几十亿年的地球演变过程，最后终于形成我们现在看到的江河湖海。

◎水循环

地球表面的水是十分活跃的，海洋蒸发的水汽进入大气圈，经气流输送到大陆、凝结后降落到地面，部分被生物吸收，部分下渗为地下水，部

※ 湖泊

分成为地表径流，地表径流和地下径流大部分回归海洋。水在循环过程中不断释放或吸收热能，调节着地球上各圈层的能量，还不断地塑造着地表的形态。水圈中的地表水大部分在河流、湖泊和土壤中进行重新分配，除了回归于海洋的部分外，有一部分比较长久地储存于内陆湖泊或者形成冰川。这部分水量交换极其缓慢，周期要几十年甚至千年以上。从这些水体的增减变化，可以估计出海陆间水热交换的强弱。

大气圈中的水分参与水圈的循环，交换速度较快，周期仅几天。由于水分循环，使地球上发生复杂的天气变化。海洋和大气的水量交换，导致热量与能量频繁交换，交换过程对各地天气变化影响极大。

目前，各国极其关注海一气相互关系的研究。生物圈中的生物受洪、涝、干旱影响很大，生物的种群分布和聚落形成也与水的时空分布有极其密切的关系。生物群落随水的多少而不断交替、繁殖和死亡。大量植物的蒸腾作用也促进了水分的循环。水在大气圈、生物圈和岩石圈之间相互置换，关系极其密切，它们组成了地球上各种形式的物质交换系统，形成千姿百态的地理环境。

▶ 知 识 窗

人类大规模的活动对水圈中水的运动过程有一定的影响，大规模的砍伐森林、大面积的荒山植林、大流域的调水、大面积的排干沼泽、大量抽用地下水等，都会促使水的运动和交换过程发生相应变化，从而影响地球上水循环的过程和水量的平衡。人类的经济繁荣和生产发展都依赖于水。如水力发电、灌溉、航运、渔业、工业和城市的发展，无不与水息息相关。

拓展思考

1. 我国为什么结构性缺水严重？
2. 钱塘江大潮产生的原因是什么？
3. 为什么济南趵突泉经常断流？

生物圈：生物的领地

Sheng Wu Quan：Sheng Wu De Ling Di

生物圈是指地球上凡是出现并感受到生命活动影响的地区，是地表有机体包括微生物及其自下而上环境的总称，是行星地球特有的圈层。生物圈也是人类诞生和生存的空间。生物圈是地球上最大的生态系统，也是最大的生命系统。生物圈中的能流与物流是相伴随的，人是生物圈中占统治地位的生物，能大规模地改变生物圈，使其为人类的需要服务。然而，人类毕竟是生物圈中的一个成员，必需依赖于生物圈提供一切生活资料。

◎生物圈形成

地球上刚出现生命的时候，原始大气还富含甲烷、氨、硫化氢和水汽等含氢化合物，属还原性。现今的大部分生物都不能在其中生存，后来出现了蓝藻，它可以通过光合作用放出游离氧，使大气含氧量逐渐增多，变

※ 生物圈植物

为氧化性，为需氧生物的出现开辟了道路。随着氧气的增多，在高空出现了臭氧层，可以阻止紫外线对生命的辐射伤害，于是过去只能躲在海水深处才能存活的生物便有可能发展到陆地上来。但生物初到陆地上的时候，遇到的只是岩石和风化的岩石碎屑，大部分高等植物并不能生存，然后在低等植物和微生物的长期作用下，才形成了肥沃的土壤。经过长期的生物进化，最后出现了广布世界的各种植物和栖息其间的各种动物，逐步形成了目前的生物圈。

※ 生物圈动物

※ 生物圈煤炭

◎生物圈的组成

生物圈主要是由生命物质、生物生成性物质和生物惰性物质三部分组成。生命物质又称活质，是生物有机体的总和；生物生成性物质是由生命物质所组成的有机矿物质相互作用的生成物，如煤、石油、泥炭和土壤腐殖质等；生物惰性物质是指大气低层的气体、沉积岩、黏土矿物和水。

◎生物圈的存在条件

生物圈是一个生命物质与非生命物质的自我调节系统，是一个复杂的、全球性的开放系统。它的形成是生物界与水圈、大气圈及岩石圈（土圈）长期相互作用的结果，生物圈存在的基本条件是：

第一，必须获得来自太阳的充足光能，一切生命活动都需要能量，而其基本来源是太阳能，绿色植物吸收太阳能合成有机物而进入生物循环。

第二，要存在可被生物利用的大量液态水，几乎所有的生物全都含有大量水分，没有水就没有生命。

第三，生物圈内要有适宜生命活动的温度条件，在此温度变化范围内的物质存在气态、液态和固态三种变化。

第四，提供生命物质所需的各种营养元素，包括 O_2、CO_2、N、C、K、Ca、Fe、S（氧气、二氧化碳、氮、碳元素、钾元素、钙元素、铁元素、硫元素）等，它们是生命物质的组成或中介。

◎生物圈的范围

生物圈包括海平面以上约 10 000 米至海平面以下 10 000 米处，包括大气圈的下层，岩石圈的上层，整个土壤圈和水圈。但是，大部分生物都集中在地表以上 100 米到水下 100 米的大气圈、水圈、岩石圈、土壤圈等圈层的交界处，这里是生物圈的核心。生物圈里繁衍着各种各样的生命，为了获得足够的能量和营养物质以支持生命活动，在这些生物之间，存在着吃与被吃的关系。"大鱼吃小鱼，小鱼吃虾米"，这句俗语就体现了这样一种简单的关系。但是，要维持整个庞大的生物圈的生命活动，这么简单的关系显然是不行的，生物圈自有它的解决办法。

生物圈中的各种生物，按照它们在物质和能量流动中的作用，可分为：生产者，主要是绿色植物，它能通过光合作用将无机物合成为有机物。消费者，主要指动物（人当然也包括在内）。有的动物直接以植物为生，叫作一级消费者，比如羚羊；有的

※ 生物活动

动物则以植食动物为生，叫作二级消费者；还有的捕食小型肉食动物，被称作三级消费者。至于人，则是杂食动物。分解者，主要指微生物，可将有机物分解为无机物。这三类生物与其所生活的无机环境一起，构成了一个生态系统：生产者从无机环境中摄取能量，合成有机物；生产者被一级消费者吞食以后，将自身的能量传递给一级消费者；一级消费者被捕食后，再将能量传递给二级、三级……最后，当有机生命死亡以后，分解者将它们再分解为无机物，把来源于环境的，再复归于环境。这就是一个生态系统完整能量流动。只有当生态系统内生物与环境、各种生物之间长期的相互作用下，生物的种类、数量及其生产能力都达到相对稳定的状态时，系统的能量输入与输出才能达到平衡；反过来，只有能量达到平衡，

生物的生命活动也才能相对稳定。

◎生物圈结构

地球表层由大气圈、水圈和岩石圈构成，三圈中适于生物生存的范围就是生物圈。水圈中几乎到处都有生物，但主要集中于表层和浅水的底层。世界大洋最深处超过 11 000 米，这里发现有海生物。限制生物在深海分布的主要因素有缺光、缺氧和随深度而增加的压力。大气圈中生物主要集中于下层，就是与岩石圈的交界处。

鸟类能高飞数千米，花粉、昆虫以及一些小动物可被气流带至高空，甚至在 22 000 米的平流层中还能发现细菌和真菌。限制生物向高空分布的主要因素有缺氧、缺水、低温和低气压。在岩石圈中，生物分布的最深记录是生存在地下 2500～3000 米处石油中的石油细菌，但大多数生物生存于土壤上层几十厘米之内。限制生物向土壤深处分布的主要因素有缺氧和缺光。

由此可知，虽然生物可见于由赤道至两极之间的广大地区，但就厚度来讲，生物圈在地球上只占薄薄的一层。

▶**知识窗**

生物圈 2 号是美国建于亚利桑那州图森市以北沙漠中的一座微型人工生态循环系统，历时 8 年，耗资 1.5 亿美元。生物圈 2 号计划设计在密闭状态下进行生态与环境研究，帮助人类了解地球是如何运作，并研究在仿真地球生态环境的条件下，人类是否适合生存的问题。为了尽量贴近自然环境，该圈中的土壤、草皮、海水、淡水均取自外界的不同地理区间，通过一定的人工处理再利用。例如，实验用的海水是将运进来的海水和淡水按照适当比例配制而成的。

拓展思考

1. 地球上哪些地方有生物？
2. 为什么干旱会使粮食严重减产？
3. 向日葵和仙人掌的生存条件有什么不同？

地壳：薄薄的硬壳

Di Qiao：Bao Bao De Ying Ke

地壳是指有岩石组成的固体外壳，地球固体圈层的最外层，岩石圈的重要组成部分。地壳是地球固体地表构造的最外圈层，整个地壳平均厚度约 17 千米，其中大陆地壳厚度较大，平均约为 35 千米。

※ 地壳

◎地壳中的元素

化学元素周期表中有 112 种元素，其中 92 种元素以及 300 多种同位素在地壳中存在。在地壳中最多的化学元素是氧，占总重量的 48.6％；其次是硅，占 26.3％；以下是铝、铁、钙、钠、钾、镁。含量最低的是砹和钫，约占 1/1023。上述 8 种元素占地壳总重量的 98.04％，其余 80 多种元素共占 1.96％。

地壳中各种化学元素平均含量的原子百分数称为"原子克拉克值"，地壳中原子数最多的化学元素仍然是氧，其次是硅，氢是第三位。

大约 99％以上的生物体是由 10 种含量较多的化学元素构成的，即氧、碳、氢、氮、钙、磷、氯、硫、钾、钠；镁、铁、锰、铜、锌、硼、钼的含量较少；而硅、铝、镍、镓、氟、钽、锶、硒的含量非常少，被称为微量元素。表明人与地壳在化学元素组成上的某种相关性。

地壳中含量最多的元素是氧，但含量最多的金属元素则是铝了。铝占地壳总量的 7.73％，比铁的含量多一倍，大约占地壳中金属元素总量的三分之一。铝对人类的生产生活有着重大的意义。它的密度很小，导电、导热性能好，延展性也不错，且不易发生氧化作用，它的主要缺点是太软。为了发挥铝的优势，弥补不足，故而使用时多将它制成合金。铝合金的强度很高，但重量却比一般钢铁轻得多。它广泛用来制造飞机、火车车厢、轮船、日用品等。由于铝的导电性能好，它又被用来输电。由于它有

14

很好的抗腐蚀性和对光的反射性。因而也用于太阳能。

◎地壳的运动

地壳运动的证据

地壳自形成以来，每时每刻都在运动着，这种运动引起地壳结构不断地变化。地震是人们直接感到的地壳运动的反映。地球在地质时期的地壳运动，虽然不能通过直接测量得知，但在地壳中却留下了形迹。在山区岩

※ 地壳运动

石裸露的地方，沉积岩层常常是倾斜、弯曲的，甚至断裂错开了，这都是岩层受力发生变形的结果。在我国山东榕城沿海一带，昔日的海滩现已高出海面 20～40 米。福建漳州、厦门一带，昔日的海滩也已高出海面 20 米左右，说明这些地方的地壳在上升。我国渤海海底发现了约达 7 千米的海河古河道，这表明渤海及其沿岸地区为现代下降速度较大的地区。再如，美丽的雨花石产于南京雨花台，这些夹有美丽花纹的光滑的卵石，是古河床的天然遗物。雨花台大量堆积着卵石，说明这里过去曾有河流，以后地壳上升，河道废弃，才成了如今比长江水面高出很多的雨花台砾石。

大陆漂移说

德国气象学家魏格纳（1880—1930）在 1912 年系统提出了一种大地构造假说，他认为古生代后期全球只有一个庞大的联合古陆，称"泛大陆"。中生代时期，由于潮汐摩擦和从两极向赤道方向的挤压力，泛大陆开始分裂，较轻的花岗岩质大陆在较重的玄武岩质地幔上漂移，逐渐形成今日的海陆格局。他认为地球上的山脉也是大陆漂移的产物，科迪勒拉山和安第斯山是美洲大陆向西漂移滑动时，受到太平洋玄武质基底的阻挡，被挤压而形成的褶皱山脉；亚洲东缘的岛弧群，是大陆向西漂移过程中留下的残块；格陵兰的南端、佛罗里达、火地岛等弧形弯曲，都是向西滑动摩擦脱落的结果；东西向的阿尔卑斯山和喜马拉雅等各大山脉，是大陆从两极向赤道挤压的结果。

魏格纳根据当时掌握的资料，从地质、地形、古生物、古气候和大地

15

測量等方面，详细论证了大陆漂移说。这个假说当时引起了地质学界和地球物理学界的重视。但是对于大陆漂移的机制和规律，则有很多学者表示怀疑。20世纪50年代以来，古地磁学的研究表明，地质历史时期磁极的移动，只有用大陆漂移说才能得到合理的解释。因此大陆漂移说又获得了新生。

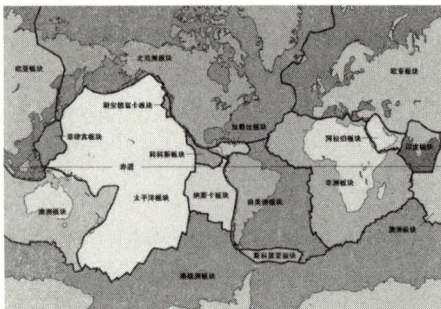
※ 板块构造

板块构造学说

1961年和1962年，美国的迪茨和赫茨提出了"海底扩张说"。在此基础上，1968年法国地质学家勒皮顺等人首创"板块构造学说"，现已成为最流行的地球科学新理论。板块构造学说将全球的岩石圈划分为六大板块：亚欧板块、非洲板块、美洲板块、太平洋板块、印度洋板块和南极洲板块，除六大板块外还有些小板块。大陆内部也可以划出一些次一级的板块。板块之间，分别以海峡或海沟、造山带为界。一般说来，板块内部地壳比较稳定；板块与板块交界处是地壳比较活动的地带，其活动性主要表现为地震、火山、张裂、错动、岩浆上升、地壳俯冲等。世界上的火山、地震活动，几乎都分布在板块的分界线附近。

知识窗

青藏高原是地球上地壳最厚的地方，厚达70千米以上；而靠近赤道的大西洋中部海底山谷中地壳只有1.6千米厚；太平洋马里亚纳群岛东部深海沟的地壳最薄，是地球上地壳最薄的地方。大洋地壳则远比大陆地壳薄，厚度只有几千米。

拓展思考

1. 简述三大岩石在地壳中的分布情况。
2. 简述地壳运动的方式和方向。
3. 浅谈板块驱动力的基本模式。

地幔：厚厚的中间层

Di Man：Hou Hou De Zhong Jian Ceng

地幔亦称中间层，地壳下面是地球的中间层，叫做"地幔"，厚度约2865千米，主要由致密的造岩物质构成，这是地球内部体积最大、质量最大的一层。位于莫霍面以下和古登堡面以上的地下33～2900千米深处，地幔的质量占地球总质量的67.8%，体积占地球总体积的82%。受地壳隔离，人们是直接看不到地幔的，只有当火山喷发时，地幔才将他的一部分岩浆"产品"，送到地面上加以"展示"。由于它像房子帐幔一样遮住了人们从地壳角度察看地核的视线，故称其为"地幔"。

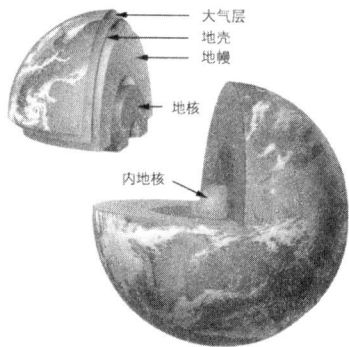

※ 地幔

◎地幔组成

地幔可分为上地幔和下地幔两层，上地幔深度在地下33～1000千米，主要由橄榄岩组成，故也称"橄榄岩层"。该层岩石比较软些，为地球岩浆的发源地，也称作"软流圈"。火山喷发、地震活动、地壳运动等现象的发生，都与它有着很大干系。上地幔顶部存在一个地震波传播速度减慢的层（古登堡低速层），一般又称为软流层，推测是由于放射性元素大量集中，蜕变放热，使岩石高温软化，并局部熔融造成的，很可能是岩浆的发源地。软流层以上的地幔是岩石圈的组成部分。上地幔的组成可以从岩浆岩推知。源于地幔的基性岩、超基性岩以及金伯利岩等都具有共同的高铁、镁特征，与地震波传播速度也一致，结合地球化学研究，认为上地幔的成分接近于超基性岩即二辉橄榄岩的组成。它经由部分熔融而产生玄武岩浆，剩余的为难熔的阿尔卑斯型橄榄岩。

下地幔温度、压力和密度均增大，物质呈可塑性固态。下地幔深度为从深处1 000～2 900千米，主要由金属硫化物和氧化物组成，因铁镍成分显著增加，故又称"金属硫化物—氧化物层"。地幔的密度，从上部的

3.32 克/立方厘米，向下可递增到 5.66 克/立方厘米。底界面上的压力，也增大了很多，高达 140 万大气压。温度从上部的 1 200℃到下部增到 2 000℃。

◎上地幔成分

上地幔的成分可以从岩浆岩推知，结合地球化学研究，认为上地幔的成分接近于超基性岩即二辉橄榄岩的组成。源于地幔的基性岩、超基性岩以及金伯利岩等都具有共同的高铁、镁特征，与地震波传播速度也一致，上地幔经由部分熔融而产生玄武岩浆，剩余的为难熔的阿尔卑斯型橄榄岩。林伍德认为上地幔的化学成分相当于由三份阿尔卑斯型橄榄岩（橄榄石 79%、斜方辉石 20%和尖晶石 1%）和一份夏威夷型拉斑玄武岩组成。

◎地幔表现形式

据同位素和微量元素组成，在地球化学上已划分为以下六种地幔端元或储源，通过这些地幔端员广泛的混合作用可以解释所有观察到的各种幔源岩浆岩的同位素和微量元素组成。

（1）DM　亏损地幔，是洋中脊玄武源区的主要成分，主要特征是低 Rb/Sr，高 Sm/Nd；143Nd/144Nd 比值高，87Sr/86Sr 比值低，其 ε_{Nd} (t) 为高正值，ε_{Sr} (t) 为负值。

（2）EMI　I 型富集地幔，特点是 Rb/Sr 比值较高，Sm/Nd 比值较低；Ba/Th 和 Ba/La 比值高，87Sr/86Sr 比值变化大；143Nd/144Nd 比值较低。对于给定的 206Pb/204Pb，其 207Pb/204Pb 和 208Pb/204Pb 比值高。

（3）EMII　II 型富集地幔，特点是 Rb/Sr 比值高，Sm/Nd 比值低，Th/Nd K/Nb 和 Th/La 比值较高。143Nd/144Nd 和 87Sr/86Sr 比值均高于 EMI。EMII 具有壳幔相联系的交代成因。EMII 与上部陆壳有亲缘关系，可能代表了陆源沉积岩陆壳蚀变地大洋地壳或洋岛玄武岩的再循环作用，也可能是次大陆岩石圈进入地幔与之混合。

（4）HIMU　高 U/Pb 比值的地幔，U 和 Th 相对于 Pb 是富集的。HIMU 的成因可能是由于蚀变地大洋地壳进入地幔并与之混合，丢失的铅进入地核，地幔中交代流体使 Pb 和 Rb 流失。

（5）PREMA　prevalent mantle 的缩写，称为流行或普遍地幔，为经常观察到的普通地幔成分。特点是 206Pb/204Pb 为 18.2～18.5，高于 DM 和 EMI，低于 EMII 和 HIMU 地幔；87Sr/86Sr 低于 EMI 和 EMII，

高于 DM. 143Nd/144Nd 高于 EMI 和 EMII，低于 DM。

（6）FOZO 地幔集中带。它在 DM－EMI－HIMU 所构成三角形底部，它是 DM 和 HIMU 的混合物。可能源于下地幔，由起源于核－幔边界的地幔热柱捕获。

▶ 知 识 窗

　　地球不是一个固体的球体，而是由多层同心球层组成的一个非常活跃的行星。因地球的公转和倾斜自转，与天体引力的存在，又引发了各层同心球层的自身运动，其中有水圈、大气圈、液体外核、固体外壳的潮汐运动。地球的倾斜自转使液体外核的潮汐方向倾斜，又导致其"以上的层圈差速产生产倾斜（地幔弦动）"，地幔弦动的结果是：地幔和地壳的两极在倾斜差速中两极换位以至板块线速度改变，也是造成地震频繁的主要原因。

　　科学家们发现，地球内核的旋转速度每年要比地幔和地壳快 0.3°～0.5°，也就是说，地球内核比地球表面构造板块的运动速度快 5 万倍，新发现有助于科学家们解释地球磁场是怎样产生的。美国伊利诺伊大学地球物理学家宋晓东教授是这项研究工作的负责人，他们的研究成果发表在 2005 年 8 月 26 日出版的美国《科学》杂志上。这项新发现也结束了一场为期 9 年的争论。宋晓东说："我们相信我们得到了确凿的证据。"

▌拓展思考▐

1. 简述地幔的温度变化。

2. 简述地幔的密度变化。

3. 简述地幔与地壳运动的关系。

地核：地球的心脏

Di He : Di Qiu De Xin Zang

◎地核结构

地核位于地球的最内部，是地球的核心部分。地核又分为外地核和内地核两部分，外地核的物质为液态，内地核现在科学家认为是固态结构。外地核深 2 900～5 000 千米，内地核深 5 100～6 371 千米。

地核是地球的核心，从下地幔的底部一直延伸到地球核心部位，距离约为 3 473 千米。据科学观测分析，地核分为外地核、过渡层和内地核三个层次。外地核的厚度为 1 742 千米，平均密度约 10.5 克/立方厘米，物质呈液态。过渡层的厚度只有 515 千米，物质处于由液态向固态过渡状态。内地核厚度 1 216 千米，平均密度增至 12.9 克/立方厘米，主要成分是以铁、镍为主的重金属，所以又称铁镍核。

地核占整个地球质量的 31.5％，体积占整个地球的 16.2％。地核的体积比太阳系中的火星还大，由于地核处于地球的最深部位，受到的压力比地壳和地幔部分要大得多。在外地核部分，压力已达到 136 万个大气

※ 地核

压，到了核心部分便增加到 360 万个大气压了。这样大的压力，我们在地球表面是想象不到的。科学家做过一次试验，在每平方厘米承受 1770 吨压力的情况下，最坚硬的金刚石会变得像黄油那样柔软。

在地核内部这种高温、高压和高密度的情况下，我们平常所说的"固态"或"液态"概念，已经不适用了。因为地核内的物质既具有钢铁那样的"钢性"，又具有像白蜡、沥青那样的"柔性"。这种物质不仅比钢铁还坚硬十几倍，而且还能慢慢变形而不会断裂。

◎地核内部

地核内部这些特殊情况，即使在实验室里也很难模拟，所以人们对它了解得还很少。但有一点科学家是深信不疑的：地球内部是一个极不平静的世界，地球内部的各种物质始终在不停地运动。有的科学家还推测，地球内部各层次的物质不仅有水平方向的局部流动，而且还有上下之间的对流运动，只不过这种对流的速度很小，每年仅移动 1 厘米左右。有的科学家还推测，地核内部的物质可能受到太阳和月亮的引力而发生有节奏的震动。

地球内部从古登堡面起，一直到地球中心，称之为地核。地核的质量占整个地球质量的 31.5%，体积占整个地球体积的 16.2%。根据地震波的变化情况，发现地核也有外核、内核之别。内、外核的分界面，大约在 5155 千米处。因地震波的横波不能穿过外核，所以一般推测外核是由铁、镍、硅等物质构成的熔融态或近于液态的物质组成。液态外核会缓慢流动，故有人推测地球磁场的形成可能与他有关。由于纵波在内核存在，所以内核可能是固态的。关于内核的物质构成，学术界有不少争议，许多人认为，主要是由铁和镍组成。但究竟是何物，这一切都还有待于进一步探索、证明。此外，内外核也不是截然分开的。有的学者认为，在内外核之间，还存在一个不大不小的"过渡层"，深度在地下 4 980～5 120 千米之间。地核的密度很大，即使最坚硬的金刚石，在这里也会被压成黄油那样软。这里的温度可达 4 000℃～6 000℃。

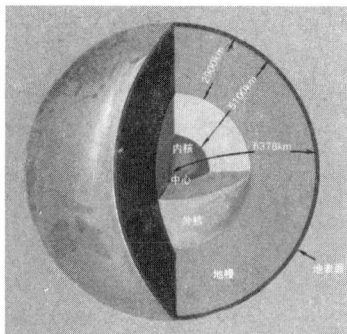

※ 地核

◎地核质量

从质量上看，地核占地球总质量的 16％，地幔占 83％，而与人们关系最密切的地壳，仅占 1％而已。地核位于地球的最内部，半径约有 3 470 千米，高密度，平均每立方厘米重 12 克。温度非常高，约有 4 000℃～6 000℃。地核可再分为内核和外核，由地震波的传送可知，外核是融熔的。从源自其他行星核心的铁陨石来推测，地核也是由铁和镍组成。

▶知识窗

美国地球物理学家玛文·亨顿在他的理论中提出，地球是一个天然的巨大核电站，人类则生活在它厚厚的地壳上，而地球表面 6437 千米深的地方，一颗直径达 8 千米的由铀构成的球核正在不知疲倦地燃烧着、搅动着、反应着，并因此产生了地球磁场以及为火山和大陆板块运动提供能量的地热。

亨顿博士的理论大胆地挑战了自 1940 年以来在地球物理学领域一直处于支配地位的理论，传统的理论认为，地球的内核是由铁和镍构成的晶体，在向周围的液态外核放热的过程中逐渐冷却和膨胀。在这种理论模型中，放射能只是附属性的热量来源，其产生于广泛分散的同位素衰变，而非集中的核反应。

在上世纪 50 年代，就曾经有科学家提出假设，认为行星表面甚至内部都可能存在自然的核反应，但这种理论的第一个物理证据出现在上世纪 70 年代。当时法国科学家在非洲加蓬一处铀矿点发现了发生于地表的天然连锁核反应，这一核反应已经持续了数十万年，并在这一漫长的过程中消耗了数吨重的铀。

▌拓展思考▌

1. 地核温度会不会越来越低？
2. 地震会改变地核的质量吗？
3. 地核的质量受哪些因素影响？

地质年代：地理纪年法

Di Zhi Nian Dai：Di Li Ji Nian Fa

地质年代就是指地球上各种地质事件发生的时代，它包含两方面含义：其一是指各地质事件发生的先后顺序，称为相对地质年代；其二是指各地质事件发生的距今年龄，由于主要是运用同位素技术，称为同位素地质年龄（绝对地质年代）。这两方面结合，才构成对地质事件及地球、地壳演变时代的完整认识，地质年代表正是在此基础上建立起来的。

◎相对地质年代

相对地质年代是指岩石和地层之间的相对新老关系和它们的时代顺序。地质学家和古生物学家根据地层自然形成的先后顺序，将地层分为5代12纪。即早期的太古代和元古代（元古代在中国含有1个震旦纪），以后的古生代、中生代和新生代。古生代分为寒武纪、奥陶纪、志留纪、泥盆纪、石炭纪和二叠纪，共7个纪；中生代分为三叠纪、侏罗纪和白垩纪，共3个纪；新生代只有第三纪、第四纪两个纪。在各个不同时期的地

※ 地质年代

23

层里，大都保存有古代动、植物的标准化石。各类动、植物化石出现的早晚是有一定顺序的，越是低等的，出现得越早，越是高等的，出现得越晚。绝对年龄是根据测出岩石中某种放射性元素及其蜕变产物的含量而计算出岩石的生成后距今的实际年数。越是老的岩石，地层距今的年数越长。每个地质年代单位应为开始于距今多少年前，结束于距今多少年前，这样便可计算出共延续多少年。例如，中生代始于距今 2.3 亿年前，止于 6 700 万年前，延续 1.7 亿年。

按地层的年龄将地球的年龄划分成一些单位，这样可便于我们进行地球和生命演化的表述。人们习惯于以生物的情况来划分，这样就把整个 46 亿年划成两个大的单元，那些看不到或者很难见到生物的时代被称作隐生宙，而将可看到一定量生命以后的时代称作是显生宙。隐生宙的上限为地球的起源，其下限年代却不是一个绝对准确的数字，一般说来可推至 6 亿年前，也有推至 5.7 亿年前的，从 6 亿或 5.7 亿年以后到现在就被称作是显生宙。

◎绝对地质年代

绝对地质年代是指通过对岩石中放射性同位素含量的测定，根据其衰变规律而计算出该岩石的年龄。绝对地质年代用绝对的天文单位"年"来表达地质时间，绝对地质年代学可以用来确定地质事件发生、延续和结束的时间。

在人类找到合适的定年方法之前，对地球的年龄和地质事件发生的时间更多含有估计的成分。就如采用季节气候法、沉积法、古生物法、海水含盐度法等，利用这些方法不同的学者会得到不同的结果，和地球的实际年龄也有很大差别。目前较常见也较准确的测年方法是放射性同位素法。其中主要有 U－Pb 法、钾－氩法、氩－氩法、Rb－Sr 法、Sm－Nd 法、碳法、裂变径迹法等，根据所测定地质体的情况和放射性同位素的不同半衰期选用合适的方法可以获得比较理想的结果。

利用放射性同位素所获得的地球上最大的岩石年龄为 45 亿年，月岩年龄 46～47 亿年，陨石年龄在 46～47 亿年之间。因此，地球的年龄应在 46 亿年以上。

宙下被划分为一些代，通常的分法大致有：太古代、元古代、古生代、中生代、新生代五个代。太古代一般指的是地球形成及化学进化这个时期，可以是从 46 亿年前到 38 亿年前或 34 亿年前，这个数字之所以有

数以亿计的年数之差是因为我们目前所能掌握的最古老的生命或生命痕迹还有许多的不确定因素。元古代紧接在太古代之后，其下限一定在前寒武纪生命大爆发之前，这个时期目前在5.7～6亿年前。1863年，美国人洛冈命名了太古代和元古代这两个名称，他命名的意思是指生物界太古老和生物界次古老。自寒武纪后到2.3亿年前这段时间为古生代，这个名称由英国人赛德维克制定，他依照洛冈取了生物界古老的意思，此事发生在1838年。从2.3亿年前到0.65亿年前为中生代，从0.65亿年后到现在为新生代。这两个代均由英国人费利普斯于1841年命名，取意分别为生物界中等古老和生物界接近现代。

代以下的划分单元为纪，最古老的纪叫长城纪，然后是蓟县纪、青白口纪、南华纪、震旦纪。震旦纪，由美籍人葛利普于1922年在中国命名，葛氏当时活动在浙、皖一带，他按照古代印度人称呼中国为日出之地而取了这个名称。起于18或19亿年前，止于5.7亿年前。这个时期的生命主要是细菌和蓝藻，后期开始出现真核藻类和无脊椎动物。

中生代为三个纪，第一个是三叠纪。1834年，阿尔别尔特命名于德国西南部，这里有三套截然不同的地层。在德国和瑞士的与瑞士交界处有一座侏罗山，1829年前后布朗维尔在这里研究发现该处有非常明显的地层特征，因此以山命名，如果1820年英国人史密斯首先命名的话，现在肯定不会是侏罗纪这个名称，因为他当时在英国西部研究的菊石正好就是这个时期的。两

※ 地质年代

年后，1822年，德哈罗乌发现英吉利海峡两岸悬崖上露出含有大量钙质的白色沉积物，这恰恰是当时用来制作粉笔的白垩土，于是便以此命名为白垩纪。需要指出的是，世界上大多地区该时期的地层其实并不都是白色的，就如我国就是多为紫红色的红层。

莱尔曾将古生代称第一纪，中生代为第二纪，新生代为第三纪，1829年德努阿耶在研究法国某些地区的地质时按魏尔纳的分层方案从第三纪中又划分出来了第四纪，这样，新生代便由这两个纪所组成。从前的第一纪则由纪升代含六个纪，同样第二纪也升代含三个纪。

纪下面还有分级单位，如"世"，一般是将某个纪分成几个等份，如新生代依次分为古新世、始新世、渐新世、中新世、上新世、更新世、全

新世等。

科学家们终于斩断了地质学时间表的一个"戈尔迪之结",自从地质学家在19世纪将地球编年史按照由远到近的顺序分为4个纪——第一纪、第二纪、第三纪和第四纪,他们聪明的后人便一直在拆分这4个阶段的时间比例。有许多地质学家、人类学家、冰河学家以及古生态学家都倾向于将最近的200万年划归到第四纪的时间范畴内。他们在自己的论著中将这段时期称为第四纪,甚至科学家本人也被称为第四纪科学家。

▶**知 识 窗**

地质学是提高人类认识自然,增进与环境的协调和改善环境的科学。地球表层的生物和人类的大量活动,都与地质条件相关。在生产力还不发达的时期,人类活动对地质环境的影响较弱,灾害性地质作用给人类带来的损失也不如今日这样巨大。

在当代的发达国家里,矿业和以矿产品为基本原料的工业,一般要占到整个工业生产总值的60%左右;进行生产所使用的动力,几乎百分之百地取之于地球资源。

20世纪80年代,人类从地下采出石油的数量,比半个世纪前增长一百倍以上。砂石等非金属材料也成为重要的资源被大量开采,他们一年产出的数量,无论就重量或体积均超过了其他工业矿物原料年产量的总和。

大量的开采,就使地质学不仅要找出新的矿产资源以维持社会庞大需求,而且还要担当起指导合理开发、保护矿产资源、防治环境恶化等重任。

现代建设的发展,使人口密集、建筑集中,许多工程规模巨大,这对地质环境的依赖和对环境的影响超过人类史上的任何时期。在现代化的工程建设中,不仅要重视地质作用引起的突发事件,还要注意它的长期影响,比如泥沙淤积、地面缓慢升降等。这些都是地质学应该研究解决的问题。

在现代化的社会中,社会的生产和生活组成一个息息相关的整体,电力、煤气、自来水的供应,一刻不可缺少,交通、电讯必须保持畅通,而地震破坏上述设施造成的后果,可以比地震本身直接造成的危害还要严重。不仅地震,其他如山崩、滑坡、泥石流、塌陷、地震海浪冲蚀等可能造成灾害的地质作用,都必须运用地质学去认识和提出防治意见。同时,人们还须遵循地质学的科学指导,避免因人类的活动而触发灾害,导致地质环境的恶化。

▌**拓展思考**▐

1. 简述地质作用的类型及其内容。

2. 影响地质作用的因素有哪些?

3. 如何通过化石计算地质年代?

地球概况

DIQIUGAIKUANG

第二章

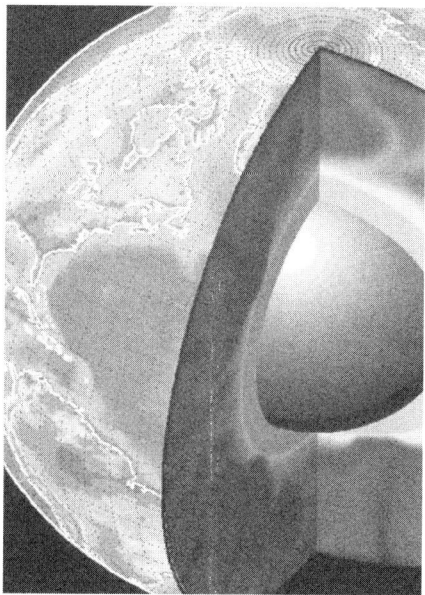

　　大约在50亿年前，银河系里弥漫着大量的星云物质。它们因自身引力作用而收缩，在收缩过程中产生的漩涡使星云破裂成许多"碎片"。其中，形成太阳系的那些碎片，就称为太阳星云。太阳星云中含有不易挥发的固体尘粒。这些尘粒相互结合，形成越来越大的颗粒环状物，并开始吸附周围一些较小的尘粒，从而使体积日益增大，逐渐形成了地球星胚。地球星胚在一定的空间范围内运动着，并且不断地壮大自己。于是，原始地球就形成了。原始地球经过不断的运动与壮大，最终形成了今天的模样。

地球的形成

Di Qiu De Xing Cheng

地球自形成以来也可以划分为5个"代"，从古到今是：太古代、元古代，古生代、中生代和新生代。有些代还进一步划分为若干"纪"，如古生代从远到近划分为寒武纪、奥陶纪、志留纪、泥盆纪、石炭纪和二叠纪；中生代划分为三叠纪、侏罗纪和白垩纪；新生代划分为第三纪和第四纪。这就是地球历史时期的最粗略的划分，我们称之为"地质年代"，不同的地质年代有不同的特征。

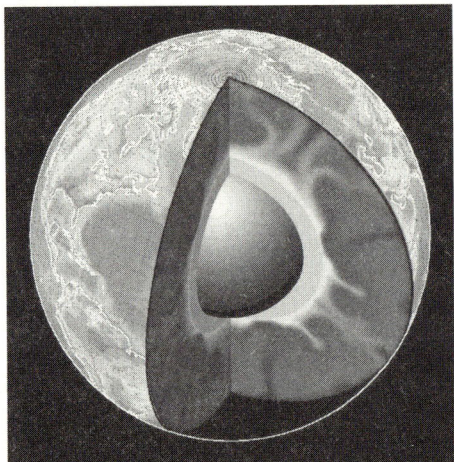

※ 地球结构

距今24亿年以前的太古代，地球表面已经形成了原始的岩石圈、水圈和大气圈。但那时地壳很不稳定，火山活动频繁，岩浆四处横溢，海洋面积广大，陆地上尽是些秃山。这时是铁矿形成的重要时代，最低等的原始生命开始产生。

距今24～6亿年的元古代，这时地球上大部分仍然被海洋掩盖着。到了晚期，地球上出现了大片陆地。"元古代"是原始生物的时代，这时出现了海生藻类和海洋无脊椎动物。

距今6～2.5亿年是古生代，"古生代"是古老生命的时代。这时，海洋中出现了几千种动物，海洋无脊椎动物空前繁盛。以后出现了鱼形动物，鱼类大批繁殖起来。一种用鳍爬行的鱼出现了，并登上陆地，成为陆上脊椎动物的祖先。两栖类也渐渐出现了。北半球陆地上出现了蕨类植物，有的高达30多米。这些高大茂密的森林，后来变成大片的煤田。

距今2.5～0.7亿年的中生代，历时约1.8亿年。这是爬行动物的时代，恐龙曾经称霸一时，这时也出现了原始的哺乳动物和鸟类。蕨类植物日趋衰落，而被裸子植物所取代。中生代繁茂的植物和巨大的动物，后来

就变成了许多巨大的煤田和油田。中生代还形成了许多金属矿藏。

新生代是地球历史上最新的一个阶段，时间最短，距今只有7 000万年左右。这时，地球的面貌已同今天的状况基本相似了。新生代被子植物大发展，各种食草、食肉的哺乳动物空前繁盛。自然界生物的大发展，最终导致人类的出现，古猿逐渐演化成现代人，一般认为，人类是第四纪出现的，距今约有240万年的历史。

※ 地球形成

人类居住的地球就是这样一步一步地一直演化到现在，逐渐形成了今天的面貌。

▶知识窗

地球这个名字来源于对大地形状的认识，最早可以追溯到古希腊学者亚里士多德从球体哲学上"完美性"和数学上的"均衡性"提出"地球"这个名称和概念。

地球是太阳系从内到外的第三颗行星，也是太阳系中直径、质量和密度最大的类地行星。住在地球上的人类又常将壮丽唯美的地球景观称呼地球为世界。

地球的矿物和生物等资源维持了全球的人口生存。地球上的人类分成了大约200个独立的主权国家和地区，他们通过外交、旅游、贸易和战争相互联系。人类文明曾有过很多对于这颗行星的观点，包括神创造人类、天圆地方、地球是宇宙中心等。

西方人常称地球为盖亚，这个词有"大地之母"的意思。

拓展思考

1. 你了解地球一小时吗？
2. 你知道地球一小时的由来吗？
3. 你知道地球一小时的活动目标吗？

地球的结构

Di Qiu De Jie Gou

地球的内部结构为一同心状圈层构造，由地心至地表依次为地核、地幔、地壳。地球地核、地幔和地壳的分界面，主要依据地震波传播速度的急剧变化推测确定。

◎地球内部结构

地球内部大致可分为三个组成物质和性质不同的同心圈层，最外面的一层称为地壳，最中心部分称为地核，中间一层称为地幔。如果把地球内部结构做个形象的比喻，它就像一个鸡蛋，地核就相当于蛋黄，地幔就相当于蛋白，地壳就相当于蛋壳。

地壳

地壳的厚度是不均匀的，一般大陆地壳较厚，尤其山脉底下更厚，平均厚度约32千米，海洋地壳较薄，一般在5～10千米。地壳的物质组成除了沉积岩外，基本上是花岗岩、玄武岩等。花岗岩的密度较小，分布在密度较大的玄武岩之上，而且大都分分布在大陆地壳，特别厚的地方则形成山岳。地壳上层为沉积岩和花岗岩层，主要由硅－铝氧化物构成，因而也叫硅铝层；下层为玄武岩或辉长岩类，主要由硅－镁氧化物构成，称为硅镁层。海洋地壳几乎或完全没有花岗岩，一般在玄武岩的上面覆盖着一层厚约0.4～0.8千米的沉积岩。地壳的温度一般随深度的增加而逐步升高，平均深度每增加1千米，温度就升高30℃。

地幔

地幔是介于地表和地核之间的中间层，厚度将近2 900千米，主要由致密的造岩物质构成，这是地球内部体积最大、质量最大的一层。它的物质组成具有过渡性。靠近地壳部分，主要是硅酸盐类的物质；靠近地核部分，则同地核的组成物质比较接近，主要是铁、镍金属氧化物。地幔又可分成上地幔和下地幔两层。下地幔顶界面距地表1 000千米，密度为4.7克/立方厘米，上地幔顶界面距地表33千米，密度3.4克/立方厘米，因

为它主要由橄榄岩组成，故也称橄榄岩圈。一般认为上地幔顶部存在一个软流层，是放射性物质集中的地方，由于放射性物质分裂的结果，整个地幔的温度都很高，大致在 1 000℃ 到 2 000℃ 或 3 000℃ 之间，这样高的温度足可以使岩石熔化，可能是岩浆的发源地。但这里的压力很大，约 50 万～150 万个大气压。在这样大的压力下，物质的熔点要升高。在这种环境下，地幔物质具有一些可塑性，但没有熔成液体，可能局部处于熔融状态，这已从火山喷发出来的来自地幔的岩浆得到证实。下地幔温度、压力和密度均增大，物质呈可塑性固态。

地球各层的压力和密度随深度增加而增大，物质的放射性及地热增温率，均随深度增加而降低，近地心的温度几乎不变。

地核

地核又称铁镍核心，其物质组成以铁、镍为主。地核又分为内核和外核。内核的顶界面距地表约 5 100 千米，约占地核直径的 1/3，可能是固态的，其密度为 10.5—15.5 克/立方厘米。外核的顶界面距地表 2900 千米，可能是液态的，其密度为 9～11 克/立方厘米。

推测外地核可能由液态铁组成，内核被认为是由刚性很高的，在极高压下结晶的固体铁镍合金组成。地核中心的压力可达到 350 万个大气压，温度可达 4 000～5 000℃。在这样高温、高压的条件下，地球中心的物质的特点是在高温、高压长期作用下，犹如树脂和蜡一样具有可塑性，但对于短时间的作用力来说，却比钢铁还要坚硬。

◎地球外部结构

地球外圈分为四圈层，即大气圈、水圈、生物圈和岩石圈。

大气圈

大气圈是地球外圈中最外部的气体圈层，它包围着海洋和陆地。大气圈没有确切的上界，在 2 000～16 000 千米高空仍有稀薄的气体和基本粒子。在地下，土壤和某些岩石中也会有少量空气，也是大气圈的一个组成部分。地球大气的主要成分为氮、氧。由于地心引力作用，几乎全部的气体集中在离地面 100 千米的高度范围内，其中 75% 的大气又集中在地面至 10 千米高度的对流层范围内。根据大气分布特征，在对流层之上还可分为平流层、中间层、高层大气等。

※ 地球外部结构

水圈

水圈包括海洋、江河、湖泊、沼泽、冰川和地下水等，它是一个连续但不很规则的圈层。从离地球数万千米的高空看地球，可以看到地球大气圈中水汽形成的白云和覆盖地球大部分的蓝色海洋，它使地球成为一颗"蓝色的行星"。其中海洋水质量约为陆地（包括河流、湖泊和表层岩石孔隙和土壤中）水的 35 倍。如果整个地球没有固体部分的起伏，那么全球将被深达 2 600 米的水层所均匀覆盖。大气圈和水圈相结合，组成地表的流体系统。

生物圈

人们通常所说的生物，是指有生命的物体，包括植物、动物和微生物。由于存在地球大气圈、地球水圈和地表的矿物，在地球上这个合适的温度条件下，形成了适合于生物生存的自然环境。据估计，现有生存的植

物约有 40 万种，动物约有 110 多万种，微生物至少有 10 多万种。据统计，在地质历史上曾生存过的生物约有 5～10 亿种之多，然而，在地球漫长的演化过程中，绝大部分的生物都已经灭绝了。现存的生物生活在岩石圈的上层部分、大气圈的下层部分和水圈的全部，构成了地球上一个独特的圈层，称为生物圈。生物圈与其他圈层相比的不同点：首先，其他圈层是由无机物组成的，而生物则构成了生物圈的主体，是一个非常活跃的圈层；其次，其他圈层都具有相对独立的空间结构，而生物圈则渗透于其他圈层之中，形成一个特殊的结构。生物圈是太阳系所有行星中仅在地球上存在的一个独特圈层。

岩石圈

对于地球岩石圈，主要由地壳和地幔圈中上地幔的顶部组成，从固体地球表面向下穿一直延伸到软流圈。岩石圈厚度不均一，平均厚度约为 100 千米。由于岩石圈及其表面形态与现代地球物理学、地球动力学有着密切的关系，因此，岩石圈是现代地球科学中研究得最多、最详细、最彻底的固体地球部分。

知 识 窗

1910 年，前南斯拉夫地震学家莫霍洛维奇契意外地发现，地震波在传到地下 50 千米处有折射现象发生。他认为，这个发生折射的地带，就是地壳和地壳下面不同物质的分界面。1914 年，德国地震学家古登堡发现，在地下 2 900 千米深处，存在着另一个不同物质的分界面。后来，人们为了纪念他们，就将两个面分别命名为"莫霍面"和"古登堡面"并根据这两个面把地球分为地壳、地幔和地核三个圈层。地球的结构同其他类地行星相似，是层状的，而这些层可以通过它们的化学特性和流变学特性确定。地球拥有一个富含硅的地壳，一个非常黏稠的地幔，一个液体的外核和一个固体的内核。

拓展思考

1. 地球内部圈层的划分依据是什么？
2. 地球外部圈层的划分依据是什么？
3. 什么是古登堡界面？

地球的运动

Di Qiu De Yun Dong

◎地球自转

地球绕着地轴不停地旋转，这叫做地球的自转。地球自转的方向是自西向东，自转一周的时间为 24 小时，是一天。通过对月球、太阳和行星的观测资料和对古代月食、日食资料的分析，以及通过对古珊瑚化石的研究，可以得到地质时期地球自转的情况。在 6 亿多年前，地球上一年大约有 424 天，表明那时地球自转速率比现在快得多。在 4 亿年前，一年有约400 天，2.8 亿年前为 390 天。研究表明，每经过一百年，地球自转周期减慢近 2 毫秒（1 毫秒＝1/1000 秒），主要是由潮汐摩擦引起的。此外，由于潮汐摩擦，使地球自转角动量变小，从而引起月球以每年 3～4 厘米的速度远离地球，使月球绕地球公转的周期变长。除潮汐摩擦原因外，地球半径的可能变化、地球内部地核和地幔的耦合、地球表面物质分布的改

※ 地球自转

变等也会引起地球自转周期变化。恒星日为 23 时 56 分 4 秒，太阳日为 24 小时。

地球自转速度除上述长期减慢外，还存在着时快时慢的不规则变化，这种不规则变化同样可以在天文观测资料的分析中得到证实。科学家们从周期为近十年乃至数十年不等的所谓"十年尺度"的变化和周期为 2～7 年的所谓"年际变化"，得到了较多的研究。十年尺度变化的幅度可以达到约 ±3 毫秒，引起这种变化的真正机制目前尚不清楚，其中最有可能的原因是核幔间的耦合作用。年际变化的幅度为 0.2～0.3 毫秒，相当于十年尺度变化幅度的十分之一。这种年际变化与厄尔尼诺事件期间的赤道东太平洋海水温度的异常变化很相似，这可能与全球性大气环流有关。然而引起这种一致性的真正原因目前正处于进一步的探索阶段。此外，地球自转的不规则变化还包括几天到数月周期的变化，这种变化的幅度约为 ±1 毫秒。

地球自转的周期性变化主要包括周年周期的变化，月周期、半月周期变化以及近周日和半周日周期的变化。周年周期变化，也称为季节性变化，是 20 世纪 30 年代发现的，表现为春天地球自转变慢，秋天地球自转加快，其中还带有半年周期的变化。周年变化的振幅为 20～25 毫秒，主要由风的季节性变化引起。半年变化的振幅为 8～9 毫秒，主要由太阳潮汐作用引起的。此外，月周期和半月周期变化的振幅约为 ±1 毫秒，是由月亮潮汐力引起的。地球自转具有周日和半周日变化是在最近的十年中才被发现并得到证实的，振幅只有约 0.1 毫秒，主要是由月亮的周日、半周日潮汐作用引起的。

◎地球公转

太阳沿黄道逆时针运动，黄道和赤道在天球上存在相距 180° 的两个交点，其中太阳沿黄道从天赤道以南向北通过天赤道的那一点，称为春分点，与春分点相隔 180° 的另一点，称为秋分点，太阳分别在每年的春分（3 月 21 日前后）和秋分（9 月 23 日前后）通过春分点和秋分点。对居住在北半球上的人来说，当太阳分别经过春分点和秋分点时，就意味着已是

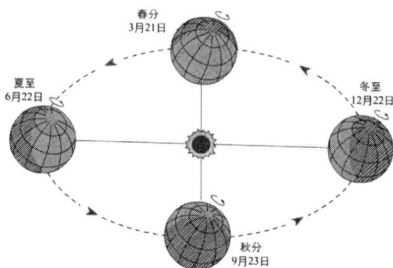

※ 地球公转

春季或是秋季时节。太阳通过春分点到达最北的那一点称为夏至点，与之相差180°的另一点称为冬至点，太阳分别于每年的6月22日前后和12月22日前后通过夏至点和冬至点。同样，对居住在北半球的人，当太阳在夏至点和冬至点附近，从天文学意义上，已进入夏季和冬季时节。上述情况，对于居住在南半球的人，则正好相反。

◎地级移动

地极移动，也称为极移，是地球自转轴在地球本体内的运动。1765年，欧拉最先从力学上预言了极移的存在。1888年，德国的屈斯特纳从纬度变化的观测中发现了极移。1891年，美国天文学家张德勒指出，极移包括两个主要周期成分：一个是周年周期，另一个是近14个月的周期，称为张德勒周期。前者主要是由于大气的周年运动引起地球的受迫摆动，后者是由于地球的非刚体引起的地球自由摆动。极移的振幅约为±0.4角秒，相当于在地面上一个12×12平方米范围。由于极移，使地面上各点的纬度、经度会发生变化。1899年成立了国际纬度服务，组织全球的光学天文望远镜专门从事纬度观测，测定极移。随着观测技术的发展，从20世纪60年代后期开始，国际上相继开始了人造卫星多普勒观测、激光测月、激光测人卫、甚长基线干涉测量、全球定位系统测定极移，测定的精度有了数量级的提高。

> ▶ 知 识 窗
>
> 自然日界线是地方时为零时（24时）的经线，和人为日界线（国际日期变更线）共同把全球分成两天，是一条时时刻刻都在移动的线，和地球的运动方向相反（自东向西），跨越自然日界线日期的变化：自西向东加一天，自东向西减一天，和人为日界线相反。自然日界线和人为日界线的判断：地球自转若是由旧的一天到新的一天为自然日界线，若是由新的一天退回到了前一天，则为国际日界线。人为日界线也就是零点经线。即00：00所在的经线，是随时变化的。

拓展思考

1. 简述晨昏线的结构和特征。
2. 简述晨昏线在地球运动问题中的运用。
3. 简述极昼极夜的范围。

地球的断层

Di Qiu De Duan Ceng

当地球岩层受力达到一定强度而发生破裂，并沿破裂面有明显相对移动的构造称断层。地壳中的一个裂口或破裂带，而且沿着他相邻的岩体发生了运动。断层长度变化很大，从几厘米至几百千米不等，两盘之间的位移量也可有这样大的变化。断层是构造运动中广泛发育的构造形态。它大小不一、规模不等，小的不足1米，大到数百、上千千米。但都破坏了岩层的连续性和完整性。在断层带上往往岩石破碎，易被风化侵蚀。沿断层线常常发育为沟谷，有时出现泉或湖泊。

那么，是什么力量导致岩层断裂错位呢？原来是地壳运动中产生强大的压力和张力，超过岩层本身的强度对岩石产生破坏作用而形成的。岩层断裂错开的面称断层面。两条断层中间的岩块相对上升，两边岩块相对下降时，相对上升的岩块叫地垒；常常形成块状山地，如我国的庐山、泰山等。而两条断层中间的岩块相对下降、两侧岩块相对上升时，形成地堑，

※ 断层

即狭长的凹陷地带。著名的东非大裂谷和我国的汾河平原和渭河谷地都是地堑。断层对地球科学家来说特别重要，因为地壳断块沿断层的突然运动是地震发生的主要原因。科学家们相信，他们对断层机制研究越深入，就能越准确地预报地震，甚至控制地震。

断层的种类，根据断层上原来相邻接的两点在断层运动中的相对运动状况可以将断层分类。如果它们的运动只在水平方向上，并且平行于断层面，那么这断层叫走向滑动断层。走向滑动断层又进一步分为右滑断层和左滑断层。如果一个观察者站在断层的一侧，面向断层，另一边的岩块向他左方滑动，就叫左滑断层。之所以如此称呼，因为要追索被移动了的地表特征时，该人需沿断层线转向左边，才能在那一边找到与这边相对应的特征。这种走向滑动断层也叫右旋或左旋、右行或左行断层，或统称走向断层。加利福尼亚圣安德列斯断层是一条右旋断层或滑动断层。沿断层面作上升下降的相对运动，则是倾向滑动断层。上盘相对下盘向下运动的倾向滑动断层是正断层。当断层面倾角小于或等于45°，上盘相对下盘作向上运动时，叫冲断层，而若断层面倾角大于45°，则称逆断层。两盘相对运动方向界于走向滑动断层和倾向滑动断层之间的，叫斜向滑动断层。断层两盘之间的相对位移常被叫做断层落差和平错。落差反映垂直位移，而平错反映水平位移。

断层的类型，根据断层面（即岩石的裂缝和两块岩石运动过程中产生的裂缝）位置的不同特征，科学家将断层分为四种类型：

正断层：逆断层的断层面也几乎垂直，但上盘向下移动，而下盘向上移动。这种类型的断层是由板块挤压而形成的。冲断层与逆断层的移动方式相同，但断层带几乎是水平的。在这类同样是由挤压形成的断层中，正断层上盘的岩石实际被向上推移至下盘的顶部。这是在聚合板块边界中产生的断层类型。

逆断层：在平移断层中，岩石块沿相反的水平方向移动。正如转换板块边界中所述，地壳块相互滑动时形成这些断层。

平移断层：在所有类型的断层中，不同的岩石块紧密地相互挤压，在移动过程中形成很大摩擦力。如果这种摩擦足够大，这两块岩石将咬合，因为摩擦力使它

※ **断层**

们无法相互滑动。在这种情况下，来自板块的力量继续推动岩石，从而增大施加在断层上的压力。

地壳中的一个裂口或破裂带，沿着它相邻的岩体发生了运动。断层长度变化很大，从几厘米至几百千米不等，两盘之间的位移量也可有这样大的变化。

构造地震的发生，多半是由于原来那里就有断层，当断层两边的断块再一次错动的时候，就发生了地震，也有些地震是由于新断层的产生而造成的。对于这种断层，两边的断块还在上升下降或水平位移的断层，我们称为活动断层。活动断层或一般断层在地壳中都不是孤立存在的，它们常常成群地在一定的地带出现，这种地带我们称为断裂带，对活动断层而言，便称为活动断裂带。地震的发生大多与活动断裂带有关，特别是两条活动断裂带的相交处，更是地震发生的灵敏地区。

▶ 知 识 窗 ▪▪

野外认识断层及其性质的主要标志是：①地层、岩脉、矿脉等地质体在平面或剖面上突然中断或错开。②地层的重复或缺失，这是断层走向与地层走向大致平行的正断层或逆断层常见的一种现象，在断层倾向与地层倾向相反，或二者倾向相同但断层倾角小于地层倾角的情况下，地层重复表明为正断层，地层缺失则为逆断层。③擦痕。断层面上两盘岩石相互摩擦留下的痕迹，可用来鉴别两盘运动方向进而确定断层性质。④牵引构造。断层运动时断层近旁岩层受到拖曳造成的局部弧形弯曲，其凸出的方向大体指示了所在盘的相对运动方向。⑤由断层两盘岩石碎块构成的断层角砾岩、断层运动碾磨成粉末状断层泥等的出现表明该处存在断层。此外还可根据地貌特征（如错断山脊、断层陡崖、水系突然改向）来识别断层的存在。

| 拓展思考 |

1. 断层有哪些方面的危害？
2. 如何确定断层的形成年代？
3. 断层的形成因素是什么？

地球的褶皱

Di Qiu De Zhe Zhou

地球上有许多绵延起伏、高大雄伟的山脉，它们像地球脸上的皱纹，被称为褶皱山脉。地质学上把岩层受到水平方向上力的挤压而发生波状弯曲但又未失去连续性和完整性的现象称为褶皱现象，它是由于地壳在一定条件下发生扭曲造成的。

褶皱构造山地常呈弧形分布，延伸数百千米以上。山地的形成和排列都与受力作用方式关系密切。某一方向的水平挤压作用，使弧形顶部向前进方向突出。有些弧形山地不仅地层弯曲，而且常有层间滑动或剪切断层错动，使外弧层背着弧顶方向移动，内弧层向弧顶方向移动，因而在褶皱构造山的外侧形成剪切断层，一端是左旋运动，一端是右旋运动。中国宁夏南部褶皱山地的弧形顶突向东北，层面倾向西南，第三纪地层向东北推挤或仰冲断层为压性、压扭性，西北段为左旋水平运动，宁夏南部褶曲山地成因与青藏高原隆起有密切关系。

◎褶皱的表现形式

褶皱有多种表现形式，最基本的是背斜和向斜两种。背斜褶皱是岩层"大波纹"中向上凸起的部分，背斜部分的岩层时代相对较老，两侧则愈变愈新。向斜褶皱是岩层大波纹中向下弯曲的部分，向斜部分的岩层时代相对较新，两侧则愈变愈老。一般情况下，背斜形成山峰，向斜形成谷地，有时则相反。因为褶皱形成后，假如地壳又经历剧烈动荡，这些褶皱会再次受到挤压然后倒置，向斜被抬升，背斜被降低，因此出现了十分复杂的地质情况。凡是向斜成山、背斜成谷的地形，称为"地形倒置"或"负地形"。褶皱构造经常与油田联系在一起。有时，背斜会形成窿状构造，好像地壳"挤"出一座仓库，其内部成了"储油罐"。世界上许多油田开采者在抽取"油罐"中的石油，我国的大庆油田就是其中之一。

◎褶皱的类型

褶皱构造山可按构造成因分为静态褶皱构造山地和动态褶皱构造山地。静态褶皱构造山地是指背斜或向斜构造受外力侵蚀作用后形成的山

地。由于侵蚀作用的增强与时间长短的区别，又可分为：①原生构造地貌未完全破坏，地貌形态与构造一致的，称为顺地貌。②原生构造地貌基本被破坏，地貌形态与构造不一致的，称为逆地貌。③逆地貌面经侵蚀破坏，使地貌形态再一次与构造一致的，称为再顺地貌。逆地貌类型主要有：单斜构造基础上发育的单面山；发育于背斜轴部或节理较发

※ 褶皱

育处的背斜谷；发育于向斜构造上的向斜山。动态褶皱构造山地是指新生代以后的新构造活动形成的隆起或凹陷构造形成的山地地貌。多在水平挤压力的作用下，地表褶皱隆起而形成山地。板块碰撞是其动力作用的基础。如中国西部的一系列横向山地。

▶ 知 识 窗

　　长期以来，人类就一直在探索我们这个赖以生存的家园——地球的历史。然而，地球的历史要比人类发展的历史漫长而复杂，人们依据什么来解读地球近50亿年的历史呢？答案是：地层和化石。

　　组成地球的岩石绝大多数是沉积岩。一层层的岩石在不同时代沉积下来，老岩石压在下面，新岩石盖在上面，它们上下有序，层层叠叠，地质学上把这种按时代先后顺序沉积下来的岩层叫做地层。而在地层的形成过程中，生物也在逐渐地进化。各个时代的生物死亡之后，遗体被掩埋在各个时代的地层中，由于温度十分高，压力相当大，动植物的坚硬部分骨骼以及贝壳等也伴随着泥沙慢慢变为地层组织而像岩石一样坚硬；动、植物的那些柔软部分，例如叶子等则会在地层中留下印迹。这种伴随地层而形成的留有原动、植物印迹的石头，就叫做化石。化石形成后，无论地球发生什么样的变化，它也不会改变。因此，化石就是沉积在地层中保存的古代生物的遗体或遗迹，它是记录地球历史的特别文字。地球的皱纹褶皱的红色岩层，是大范围沉积的氧化铁的遗留物。

┃ 拓展思考 ┃

1. 简述地壳运动与褶皱的关系。
2. 褶皱的组成因素有哪些？
3. 简述褶皱对人类生活的影响。

地球的漂移

Di Qiu De Piao Yi

地球漂移是地质学的一个分支，地球板块漂移主要研究地球岩石圈板块的成因、运动、演化、物质组成、构造组合、分布和相互关系以及地球动力学等问题。地球的岩石圈分解为若干巨大的刚性板块即岩石圈板块，重力均衡地位于塑性软流圈之上，并在地球表面发生大规模水平和上下移动；相邻板块之间或相互离散，或相互汇聚，或相互平移，引起地震、火山和构造运动。板块构造学说囊括了大陆漂移说、海底扩张说、转换断层、大陆碰撞等概念和学说，为解释地球地质作用和现象提供了前无古人的成效，是当代最有影响的全球构造理论。

板块构造学的发展和创立可分三个阶段

第一阶段：1912 年德国学者 A. L. 魏格纳提出了大陆漂移说，早在公元 1620 年，英国人培根就已经发现，在地球仪上，南美洲东岸同非洲西岸能够完美地衔接在一起。50 年代古地磁的研究得知，各地在地质时代中的磁极位置变化多端，无法用大陆固定论解释，采用大陆漂移说则可得到圆满解释，大陆漂移说随之受到重视。

第二阶段：60 年代美国地质学家 H. H. 赫斯和 R. S. 迪茨提出了得到海底磁异常研究支持的海底扩张说，中央海岭下的地幔对流升腾形成海洋地壳，海底由此扩大，这种结论支持了"海洋扩大说"，而"海洋扩大说"也解释了大陆的分裂和移动。构成大陆地壳的物质密度小，地幔就会上浮。根据"海洋扩大说"，大陆下的地幔对流升腾造成大陆分裂，进而地幔向水平方向的运动将大陆推开。论述了地壳的产生和消亡，并获得深海钻探的验证。

第三阶段：1965 年加拿大学者 J. T. 威尔逊建立转换断层概念并指出，连绵不绝的活动带网络将地球表层划分为若干刚性板块。1967～1968 年，法国人 X. 勒皮雄和美国人 D. P. 麦肯齐将转换断层概念外延到球面上，定量地论述了板块运动，确立了板块构造学的基本原理。

相对于刚性地壳，地幔的上部存在"软流层"。在海洋下面，这层"较流层"是从大约 60 千米深度开始的；而在大陆下面，则是从 120 千米的深处开地幔对流始的，并一直到 200～250 千米的深处。在"软流层"中，下面的热物质从下向上升，然后扩散并冷却，最后成为比较致密的物

质下沉。环流把地幔上部的刚性
表皮及地壳从较热的上升区带到
较冷的下沉区，从而形成一个对
流体系。正是这种对流，成为板
块运动的动力。大陆板块的漂移
可解释为地核内部的剧烈运动，
导致了地幔岩浆层的内部应力发
生强大的变化，内应力的变化使
扩张和收缩压力的分布极不均
匀，从而使陆地各大板块的部分

※ 地球的漂移

板块不断的产生下沉和隆起，形成了相对的陆地板块漂移运动。板块学说
的出现，无疑是近代地球科学的杰出成就和巨大进步。

　　由于地球表面覆盖着不变形且坚固的板块（地壳），而且这些板块以每年
1～10厘米的速度在移动。地球表面积是有限的，地球板块可分类为三种状
态：其一为彼此接近的汇聚型板块边界；其二为彼此远离的分离型板块边界；
其三为彼此交错的转换型板块边界。板块本身是不会变形的，地球表面活动
便都在这三种状态下集中发生，比如海岭就是在分离型板块边界下形成的，
海沟则是在海洋板块彼此碰撞，一个板块俯冲至另一板块的下方的汇聚型板
块边界下形成的。沿北美大陆西海岸分布的圣安德烈斯断层，则是在太平洋
板块和北美大陆板块间形成的很具代表性的转换型板块边界下形成的。

　　由于与被称为"环太平洋带"的太平洋板块周围的状态相关，这个地
区内的大地震、深源地震和火山活动等都十分活跃。由于印度次大陆与欧
亚大陆间的碰撞，形成了喜马拉雅山脉和青藏高原。在大陆板块彼此碰撞
的汇聚型板块边界下，形成了大陆与大陆间的冲突带，也造成了大褶皱山
脉。由于没有发现能让大陆在水平方向移动几千千米的原动力，板块漂移
说骑虎难下，难圆其说。所以，现行的地质理论已走入死胡同。

　　大陆究竟是怎么形成的呢？板块漂移说有没有科学价值呢？只有洞悉
天体运行奥秘，才能找到最科学和绝对的真理！地球膨胀板块漂移说是完
善各种板块漂移说的金钥匙！地球膨胀板块漂移说包括地球膨胀地壳分
裂、地球潮汐板块漂移和潮汐洋流助推三个方面：首先，地球膨胀地壳分
裂是促成地壳板块形成和漂移的主要原因。热胀冷缩是人所共知的理论，
地球内核聚变反应产生高温导致地球膨胀是理所难当然，地壳分裂也是必
然的。但作为地球来说，热胀冷缩也不会有移动几千千米的原动力吧？地
球不会有那么大的膨胀能力吧？这个问题，要牵扯星体的运动原理和星系
排列规律，因牵扯到高科技不能透露，暂用"万有浮力"来解释吧！

43

当行星获得外来星际物质或获得卫星，在"万有浮力"作用下就要改变轨道，达到星系所需要的密度，星体通过天体运行原理获得热能，完成数亿年的膨胀，凡具备地球现在的条件，就会使星体长期膨胀，地壳分裂，顺利完成远距离的漂移。其次，地球潮汐是板块漂移的另一个原因。由于地球在膨胀，地壳在分裂，地壳下是流体（岩浆），日出月落的地球潮汐让地球板块东西水平漂移。春夏秋冬潮汐垂点的轮回让地球板块南北水平漂移。由于太阳潮太阳风包压地球磁场能力大，拉动地球板块向北极漂移能力就强；由于太阳潮包压地球磁场能力弱，拉动地球板块向南极漂移能力就弱；由于地球潮汐东西移动能力强、速度快，所以拉动地球板块东西方向移动的距离就远。第三，潮汐洋流是板块漂移的加速器。一是海水加快地球膨胀，地壳分裂口的冷却；二是海水对地球板块切水面有很大压强，加速地壳分裂；三是潮汐洋流对板块有很大的推力，加快了地球板块的漂移速度。所以，地球原来体积比现在小，运行轨道离水星很近。在获得月球这颗卫星后，星系比重一下子减小，伴随着月球向现在轨道上运行，体积一直在不断增大，造成地球板块分裂和漂移，原来的体积约是现在体积的50％～55％。地球板块的漂移已基本稳定，不会再有上千千米的漂移，除非有其他星体撞击地球，或许有较大的变动。因此，地球板块的漂移是地球膨胀分裂、潮汐和海水作用产生的。

知识窗

大陆漂移学说的奠基人是魏格纳，魏格纳是个德国人，1880年出生于柏林，是位天文学博士。他有力地撼动了传统地质学基础，但他却不是一个地质学家。那么作为气象学家的他是如何提出了大陆漂移的设想呢？他在《海陆的起源》一书中是这样叙述的："大陆漂移的想法是著者于1910年最初得到的。有一次，我在阅读世界地图时，曾被大西洋两岸的相似性所吸引，但当时我也随即丢开，并不认为具有什么重大意义。1911年秋，在一个偶然的机会里我从一个论文集中看到了这样的话：根据古生物的证据，巴西与非洲间曾经有过陆地相连接。这是我过去所不知道的，这段文字记载促使我对这个问题在大地测量学与古生物学的范围内为着这个目标从事仓促的研究，并得出重要的肯定的论证，由此我就深信我的想法是基本正确的。"1912年魏格纳首次公布了自己的研究成果。

拓展思考

1. 简述地球内部核聚变与地球漂移的关系。
2. 简述地球漂移的走向。
3. 地球的漂移与天气的纯净有关系吗？

地球的年龄

Di Qiu De Nian Ling

◎定义

地球的年龄是指地球从原始的太阳星云中积聚形成一个行星到现在的时间，地球年龄约为46亿年。关于地球年龄的概念，地球的天文年龄是指地球开始形成到现在的时间。地球的地质年龄是指地球上地质作用开始之后到现在的时间。从原始地球形成经过早期演化到具有分层结构的地球，估计要经过几亿年，所以地球的地质年龄小于他的天文年龄，通常所说的地球年龄是指它的天文年龄。

※ 地球年龄

◎计算

计量地球所经历的时间，必须找到一种速率恒定而又量程极大的尺度。早期找到的一些尺度的变化速率在地球历史上是不恒定的。1896年放射性元素被发现以后，人们才找到了一种以恒定速率变化的物理过程作为尺度来测定岩石和地球的年龄。

中国古人推测自开辟至于获麟（公元前481年），共3 267 000年。17世纪西方国家的一个神父宜称，地球是上帝在公元前4 000年创造的。

最早尝试用科学方法探究地球年龄的是英国物理学家哈雷。他提出，研究大洋盐度的起源，可以提供解决地球年龄问题的依据。1854年，德国伟大的科学家赫尔姆霍茨根据他对太阳能量的估算，认为地球的年龄不超过2 500万年。1862年，英国著名物理学家汤姆生说，地球从早期炽热状态中冷却到如今的状态，需要2 000~4 000万年。这些数字远远小于地球的实际年龄，但作为早期尝试还是有益的。

到了20世纪，科学家们发明了同位素地质测定法，这是测定地球年

45

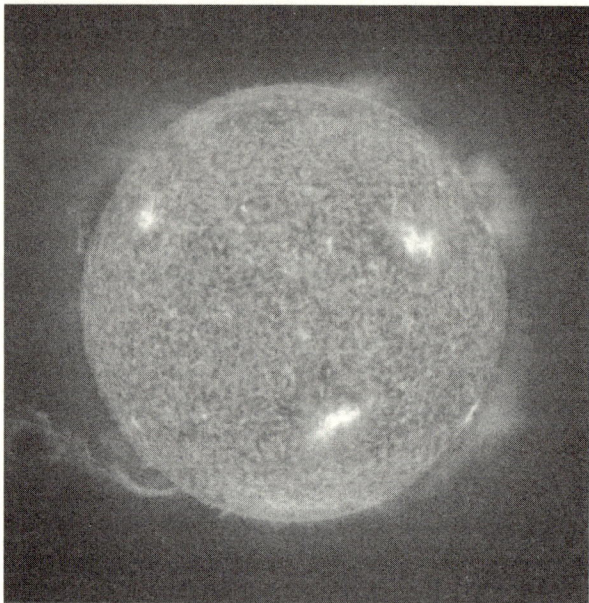

※ 地球年龄

龄的最佳方法，是计算地球历史的标准时钟。根据这种办法，科学家找到的最古老的岩石，大约有 35 亿岁。然而，最古老岩石并不是地球出世时留下来的最早证据，不能代表地球的整个历史。这是因为，婴儿时代的地球是一个炽热的熔融球体，最古老岩石是地球冷却下来形成坚硬的地壳后保存下来的。

20 世纪 60 年代末，科学家测定取自月球表面的岩石标本，发现月球的年龄在 44～46 亿年之间。于是，根据目前最流行的太阳系起源的星云说，太阳系的天体是在差不多时间内凝结而成的观点，便可以认为地球是在 46 亿年前形成的。然而，这是依靠间接证据推测出来的。事实上，至今人们还没有在地球自身上发现确凿的证据，来证明地球活了 46 亿年。

◎科学原理

很早以前，人们曾试图用地球上发生的一般物理化学过程来估算地球的年龄，如根据地球表面沉积岩的积累厚度，海水含盐度随时间的增加，地球内部的冷却率等。但是这些过程的变化速率在地球历史上是不恒定的，因此不可能得到正确的年龄估计。直到 1896 年放射性元素被发现以后，人们才找到了一种以恒定速率变化的物理过程来测定岩石和地球的年龄。就目前的测试水平，可以认为放射性元素的衰变速率在任何物理化学

条件下都是恒定的。根据放射性衰变原理，如果已知放射性母体同位素的衰变常数及母、子体同位素的比值，那么只要测定岩石或矿物中某种放射性母体同位素及其衰变成的子体同位素的含量，一般说来就可以计算出该岩石体系的形成年龄。设有一放射性元素，开始时只有 N 个原子，过了 t 时间，由于衰变，只剩下 N 个原子并产生 D 个新原子，按照衰变规律（λ 为衰变常数），λ 为已知，D/N 为岩石或矿物中所含子体元素的原子数对母体元素的原子数之比，这一值是可以测定的。根据这个公式就可以计算出岩石或矿物形成的年龄。20 世纪以来，已先后建立了用 U→Pb、U→Pb、Th→Pb、K→Ar、Rb→Sr、和 Sm→Nd 等放射性衰变系列测定岩石年龄的各种方法。

然而要进一步确定地球的年龄并非如此简单，因为地球表面的岩石并不是在地球形成时就存在的。由于地球内部的运动和化学变化，它们曾经历了多次分异、熔融和改造，因此要计算地球的年龄还必须解决一系列的理论和实验技术问题。

◎地球年龄的下限

地球的各大陆都存在着一些古老的稳定地块，如西格陵兰、西澳大利亚和南非等地区。这些地块上的岩石在地壳形成的初期就已经存在了，而且没有发生过后期的重熔改造。70 年代已用 Rb－Sr、U－Pb 和 Sm－Nd 法精确地测定了这些岩石的年龄，其中最古老的岩石年龄可达 37 亿年，这一年龄可以代表地壳形成时间的下限。

◎地球年龄的上限

地球年龄的上限可以利用元素起源的理论得到，元素形成以后才形成太阳星云，继而地球等行星又从太阳星云中分异凝聚形成。根据核子合成的理论，铀同位素 U 和 U 在元素形成时的比例大约为 1.64∶1。他们形成以后就以自己固有的速率进行衰变，现在地球上铀的这两个同位素的丰度比是 1∶137.88。根据这两个比值，我们可以估算元素的年龄为 66 亿年。尽管不同的理论对铀同位素形成时丰度比的估算存在着差别，但这一年龄不会小于 50 亿年。

对地球年龄最可靠的估计是借助于陨石的年龄测定，太阳系中的行星体大体上是在同一时间形成的。陨石是小行星破裂的碎块，由于小行星体积较小，它的内部放射能一般不足以引起再熔融，因此陨石中的放射性衰变系列的产物记录了小行星体凝聚的时间。如果将所有陨石的 Pb/Pb 对

Pb/Pb 作图，则它们都落在一条直线上（Pb－Pb 等时线）。地球的现代铅也同样落在这条线的附近。这进一步证明了所有陨石与地球是大体同一时间形成的假设。根据各类陨石及其不同矿物的 Pb－Pb 等时线计算表明，地球年龄为 45.3～45.7 亿年。应用 Rb－Sr 等时线方法对各类陨石的测定结果，年龄值也主要落在 45.4～45.7 亿年之间。有两个无球粒陨石已用 Sm－Nd 等时线法确定了年龄，为 45.5～45.6 亿年。地球的卫星——月球是离地球最近的太阳系成员，它的内能也不足以引起强烈的熔融作用，因此月球表面仍保留了许多它形成时的原始物质。用 Rb－Sr 等时线法测得月球表面上最古老的岩石年龄为 45.2～46.0 亿年，粉尘的年龄也达 46 亿年，因此太阳系行星体的形成时间最可能是在 45.5～45.7 亿年左右。

▶ 知识窗

　　爱尔兰首席主教詹姆斯·乌瑟在 1650 和 1654 年发表两部著作，推算出上帝在罗马儒略历 700 年 10 月 22 日傍晚时创造天地，相当于公元前 4000 年 10 月 22 日傍晚。乌瑟的推算被普遍接受，自 1701 年起被印在了英国出版的《圣经》上。

　　法国人德梅耶（1656－1738）进而试图根据自然现象来推算地球的年龄。推算的结果要比根据《圣经》推算出的古老得多。

　　牛顿（1642－1727）在 1687 年出版的《数学原理》一书中，牛顿提出物体散热的速度和物体的大小成正比。他认为，一个烧得通红的直径 1 英寸的铁球会在 1 小时后失去所有的热量，那么，一个和地球一样大的炽热铁球（直径大约 4 000 万英尺，1 英尺＝12 英寸），就要花上 5 万多年的时间才能冷却下来。

　　法国博物学家布封（1707－1788）是沿着牛顿指示的方向前进的众多学者中的第一个。他认为太阳系是一颗彗星撞击太阳形成的，在撞击下，太阳抛出的气体和液体形成了各个行星和卫星。其中的一个就是地球。接下来布封要计算地球从一个熔球从冷却到现在的温度所需要的时间。为此他首先需要知道熔球冷却的速度。他用 10 个直径相差半英寸的铁球做实验，把它们加热到通红，然后测量冷却到室温所需要的时间。他发现冷却时间和球的直径大致成正比，由此外推到地球大小，算出地球从熔球冷却到现在的温度需要很多年。

▍拓展思考▍

1. 地球为什么会膨胀呢？
2. 地球是否起源于大爆炸呢？
3. 地球与其他行星有什么共同特点？

大

洲 与 海 洋

DAZHOUYUHAIYANG

第三章

　　全球共分为亚洲、欧洲、非洲、北美洲、南美洲、大洋洲、南极洲共七个大洲，其名称来历各有原因。七大洲的面积和组成也各不相同。各大洲的分界线主要以自然地理事物和人造工程为标志。各大洲的地质特点非常特殊，但都与地球板块运动紧密联系，七大洲成为人类进行各种活动的主要场所。四大洋包括地球上四片海洋太平洋、大西洋、印度洋、北冰洋，也泛指地球上所有的海洋。海洋面积为36100万平方千米，太平洋占49.8%，大西洋26%，印度洋20%，北冰洋4.2%。世界海洋面积太平洋占将近一半，其他三大洋：大西洋、印度洋、北冰洋占一半。

欧洲：海拔最低的洲

Ou Zhou: Hai Ba Zui Di De Zhou

欧 洲是欧罗巴洲的简称，欧洲面积 1 016 万平方千米，共有 45 个国家和地区。西临大西洋，北靠北冰洋，东与亚洲大陆相连，南隔地中海和直布罗陀海峡与非洲大陆相望。

◎欧洲居民

欧洲是人口密度最大的一个洲，城市人口约占全洲人口的 64％，在各洲中次于大洋洲和北美洲，居第三位。欧洲的人口分布以西部最密，莱茵河中游谷地、巴黎盆地、比利时东部和泰晤士河下游每平方千米均在 200 人以上，欧洲绝大部分居民是白种人（欧罗巴人种）。居民多信天主教、基督教新教和东正教等。位于意大利首都罗马市西北角的城中之国梵蒂冈，是世界天主教中心。

※ 欧洲政区图

◎欧洲各国国情

欧洲原属国家共有 44 个，此外也有着与欧洲有牵连的国家（如地跨亚欧，或参与欧洲事务等），像土耳其，哈萨克斯坦，塞浦路斯，阿塞拜疆，格鲁吉亚。

地理方面：这些国家均有一部分领土属于欧洲，社会经济和文化也与欧洲有近似之处。

政治方面：土耳其，哈萨克等国为欧安组织成员国，塞浦路斯则为欧盟成员国。苏联时期，哈萨克斯坦、阿塞拜疆曾属于过欧洲国家，解体后归于亚洲。

※ 欧洲建筑

体育方面：这些国家全部加入了欧足联。

军事方面：土耳其加入了北约，并加入其导弹防御系统，哈萨克和阿塞拜疆加入了集体安全条约组织，并加入其防空一体化。

◎欧洲五区

欧洲的 45 个国家和地区，在地理上习惯分为北欧、南欧、西欧、中欧和东欧五个地区。

北欧

北欧指日德兰半岛、斯堪的纳维亚半岛一带，包括冰岛、法罗群岛（丹）、丹麦、挪威、瑞典和芬兰。面积 132 万多平方千米。境内多高原、丘陵、湖泊，第四纪冰川期全为冰川覆盖，故多冰川地形和峡湾海岸。斯堪的纳维亚半岛面积约 80 万平方千米，挪威海岸陡峭曲折，多岛屿和峡湾。斯堪的纳维亚山脉纵贯半岛，长约 1 500 千米，宽约 400～600 千米，西坡陡峭，东坡平缓，是古老的台状山地，个别地区有冰川覆盖，挪威境内格利特峰海拔 2 470 米，为半岛的最高点，冰岛上多火山和温泉。北欧绝大部分地区属温带针叶林气候；仅大西洋沿岸地区因受北大西洋暖流影响，气候较温和，属温带阔叶林气候。河短流急，水力资源丰富，主要矿物有铁、铅、锌、铜等。森林广布，农作物以小麦、黑麦、燕麦、马铃

薯、甜菜为主。养畜业较发达，鱼产丰富，西面沿海是世界四大渔场之一，捕鱼量约占世界捕鱼总量的 9％ 左右。

南欧

南欧指阿尔卑斯山以南的亚平宁半岛、巴尔干半岛、伊比利亚半岛和附近岛屿，南面和东面临大西洋的属海地中海和黑海，西濒大西洋。包括塞尔维亚、科索沃、黑山、克罗地亚、斯洛文尼亚、波斯尼亚和黑塞哥维那、马其顿、罗马尼亚、保加利亚、阿尔巴尼亚、希腊、意大利、梵蒂冈、圣马力诺、马耳他、西班牙、葡萄牙和安道尔。面积166万多平方千米。南欧三大半岛多山，平原面积非常小。地处大西洋－地中海－印度洋沿岸火山带，多火山，地震频繁。大部分地区属亚热带地中海式气候。河流短小，大多注入地中海，主要矿物有石油、天然沥青、汞、铅、锌、煤、铬、铜等。南欧是油橄榄、葡萄、茴香、欧洲栓皮栎等栽培植物原产地，农作物以小麦、玉米、烟草为主。盛产柑橘、葡萄、油橄榄、柠檬和栓皮等，牧羊业较发达，西班牙是世界著名的细毛绵羊美利奴羊的原产地。

西欧

西欧是指欧洲西部濒大西洋地区和附近岛屿，包括英国、爱尔兰、荷兰、比利时、卢森堡、法国和摩纳哥。西欧面积93万多平方千米。通常也把欧洲资本主义国家叫西欧。狭义上的西欧地形主要为平原和高原，山地面积较小。地处西风带内，绝大部分地区属海洋性温带阔叶林气候，雨量丰沛、稳定，多雾。河流多注入大西洋。主要矿物有煤、铁、石油、天然气、钾盐等。农作物以小麦、大麦、燕麦、马铃薯、甜菜为主。盛产葡萄和苹果。渔业和养畜业均较发达。比利时和法国所产的阿尔登马，英国所产巴克夏猪、约克夏猪、大白猪、爱尔夏牛、纯血种马，荷兰所产荷兰牛等优良畜种，世界闻名。

中欧

中欧指波罗的海以南、阿尔卑斯山脉以北的欧洲中部地区。包括波兰、捷克、斯洛伐克、匈牙利、奥地利、瑞士、德国、列支敦士登。中欧面积101万多平方千米。南部为高大的阿尔卑斯山脉及其支脉喀尔巴阡山脉等所盘踞，山地中多陷落盆地；北部为平原，受第四纪冰川作用，多冰川地形和湖泊。地处海洋性温带阔叶林气候向大陆性温带阔叶林气候过渡的地带。除欧洲第二大河多瑙河向东流经南部山区注入黑海外，大部分河

流向北流入波罗的海和北海。主要矿物有褐煤、硬煤、钾盐、锌、铅、铜、铀、菱镁矿、铝土矿和硫磺等。农作物以小麦、大麦、黑麦、马铃薯和甜菜为主，还产温带水果。养畜业较发达，瑞士的西门塔尔牛、萨能山羊、吐根堡山羊等优良畜种世界闻名。

东欧

东欧指欧洲东部地区，在地理上指爱沙尼亚、立陶宛、拉脱维亚、白俄罗斯、乌克兰、摩尔多瓦、俄罗斯和哈萨克斯坦西部。地形以平均海拔170米的东欧平原为主体。东部边缘有乌拉尔山脉，平原上多为丘陵和冰川地形，北部湖泊众多，东南部草原和沙漠面积较广。北部沿海地区属寒带苔原气候，往南过渡到温带草原气候，东南部属温带沙漠气候，欧洲第一大河伏尔加河向东南注入里海。主要矿物有石油、煤、锰、铁、磷酸盐等。盛产小麦、马铃薯、甜菜、向日葵，养畜业较发达，苏维埃重挽马、奥尔洛夫快步马、顿河马均为马的优良品种。

▶ 知识窗 ······································

　　欧洲的全称是欧罗巴洲，英文为 Europe。关于欧洲这个名称的由来，有一些传说。在希腊神话中，德墨忒尔（Demeter）是专管农事的女神，她保佑人间五谷丰登、人畜两旺。在有关这位女神的画像中，人们总是把她画成坐在公牛背上。古代，公牛是人类不可缺少的耕畜，女神既然主管农事，自然就要坐在公牛背上了。这位女神的另一个名字叫欧罗巴，人们出于对女神的敬意，就把欧罗巴称为大洲的名字。此外，还有一个广泛流传的传说："万神之王"宙斯看中了腓尼基国王的漂亮女儿欧罗巴，想娶她为妻子，但又怕她不同意。一天，欧罗巴在一群姑娘的陪伴下在大海边游玩。宙斯见到后，连忙变成一匹雄健、温顺的公牛，来到欧罗巴面前，欧罗巴看到这匹可爱的公牛伏在自己身边，便跨上牛背。宙斯一看欧罗巴中计，马上起立前行，躲开了人群，然后腾空而起，接着又跳入海中破浪前进，带欧罗巴来到远方的一块陆地共同生活。这块陆地以后也就以这位美丽的公主的名字命名，叫做欧罗巴了。

▌拓展思考▐

1. 欧洲的地形有什么特点？与其地质构造有什么关系？
2. 欧洲的地理位置和大陆轮廓有什么地理意义？
3. 第四纪冰川对欧洲地形有什么影响？

非洲：高原大陆

Fei Zhou：Gao Yuan Da Lu

非洲位于亚洲的西南面，东濒印度洋，西临大西洋，北隔地中海与欧洲相望，东北角习惯上以苏伊士运河为非洲和亚洲的分界。面积约 3 020 万平方千米（包括附近岛屿）南北约长 8 000 千米，东西约长 7 403 千米。约占世界陆地总面积的 20.2%，次于亚洲，为世界第二大洲。

※ 非洲

◎非洲居民

非洲居民约为 10 亿，占世界总人口 15%。城市人口约占全洲人口 26%，预计 2050 年将达 20 亿人。人口分布以尼罗河中下游河谷、西北非沿海、几内亚湾北部沿岸、东非高原和沿海、马达加斯加岛的东部、南非的东南部比较密集，广大的撒哈拉沙漠地区平均每平方千米还不到一人，是世界人口最稀少的地区之一，居民主要分属于黑种人（尼格罗－澳大利亚人种）和白种人（欧罗巴人种）。根据语言近似的程度，非洲的语言属下列基本语系：苏丹语系，属此语系的居民占全洲人口 32%，肤色黝黑，分布在撒哈拉以南，赤道以北，埃塞俄比亚以西至大西洋沿岸的地带。班图语系，属此语系的居民占全洲人口 30%，肤色浅黑，分布在赤道以南地区。闪米特－含来特语系，属此语系的阿拉伯人占全洲人口 21%，占世界阿拉伯人总数的 66%，主要分布在北非各国。此外还有少数黄种人，如属于马来－波利尼希亚语系的马达加斯加人。欧洲白种人仅占全洲人口的 2%，主要分布在非洲南部地区。非洲居民多信天主教和基督教、伊斯兰教，少数信原始宗教。

◎自然环境

非洲岛屿的面积仅占全洲面积的 2%，大陆北宽南窄，像一个不等边

的三角形，海岸平直，少海湾和半岛。全境为高原型大陆，平均海拔 750
米。大致以刚果河（扎伊尔河）河口至埃塞俄比亚高原北部边缘为界，东
南半部多海拔 1 000 米以上的高原，称高非洲；西北半部大多在海拔 500
米以下，称低非洲。非洲大部分地区位于南北回归线之间，全年高温地区
的面积广大，有"热带大陆"之称。境内降水较少，仅刚果盆地和几内亚
湾沿岸一带年平均降水量在 1500 毫米以上，年平均降水量在 500 毫米以
下的地区占全洲面积 50％。

◎自然资源

非洲矿物资源非常丰富，不仅种类繁多，而且储量大。目前已知的石
油、铜、金、金刚石、铝土矿、磷酸盐、铌和钴的储量在世界上均占有很
大比重。石油主要分布在北非和大西洋沿岸各国，利比亚、阿尔及利亚、
埃及、尼日利亚是非洲重要的石油生产国和输出国，约占世界总储量
12％左右，铜主要分布在赞比亚与扎伊尔的沙巴区。非洲南部的黄金和金
刚石储量和产量都占世界首位，金主要分布在南非、加纳、津巴布韦和扎
伊尔，金刚石主要分布在扎伊尔、南非、博茨瓦纳、加纳、纳米比亚等
地。此外还有锰、锑、铬、钒、铀、铂、锂、铁、锡、石棉等。森林面积
约占全洲面积的 21％。

◎非洲地形

非洲从狭长沿海地带陡然升起的一片广阔高原，由上古结晶岩块构
成。高原的东南部较高，然后向东北方向下倾。总体而言，高原可分为东
南部分和西北部分。西北部分有撒哈拉沙漠和众所周知的北非马格里布地
区，有两个山区：西北非的阿特拉斯山脉，人们认为这是伸入至南欧的山
系一部分；撒哈拉的阿哈加尔山脉。高原的东南部有埃塞俄比亚高原，东
非高原和南非东部的龙山山脉，南非东部高原的边缘如陡坡般下倾。

◎地理区域

非洲共 54 个独立国家，在地理上习惯分为北非、东非、西非、中非
和南非五个地区。

北非

通常包括埃及、苏丹、南苏丹、利比亚、突尼斯、阿尔及利亚、摩洛
哥、亚速尔群岛（葡）和马德拉群岛（葡），其中埃及、苏丹和利比亚有

※ 非洲

时称为东北非，其余国家和地区称为西北非。北非的面积约为 820 多万平方千米，人口约 1.2 亿，阿拉伯人占 70% 左右。西北部为阿特拉斯山地，东南部为苏丹草原的一部分，地中海和大西洋沿岸有狭窄的平原，其余地区大多为撒哈拉沙漠。北非不少农矿产品占世界重要地位，原油占世界总产量 5%，磷酸盐占22%，棉花约占 5%，阿拉伯树胶占80% 以上，其他还有栓皮、油橄榄、柑橘、葡萄、椰枣、无花果等。

东非

东非通常包括埃塞俄比亚、厄立特里亚、索马里、吉布提、肯尼亚、坦桑尼亚、乌干达、卢旺达、布隆迪和塞舌尔。东非面积约 370 万平方千米，人口约 1.3 亿，主要是班图语系黑人，分布在南部；其次是阿姆哈拉族，盖拉族和索马里人，分布在北部。北部是非洲屋脊埃塞俄比亚高原，南部是东非高原，东非大裂谷纵贯东非高原中部和西部，东非所产咖啡约占世界总产量 14%，剑麻约占 25% 以上，丁香供应量占世界丁香供应量的 80% 以上，茶叶、甘蔗、棉花也在非洲占重要地位。

西非

西非包括毛里塔尼亚、西撒哈拉、塞内加尔、冈比亚、马里、布基纳法索、几内亚、几内亚比绍、佛得角、塞拉利昂、利比里亚、科特迪瓦、加纳、多哥、贝宁、尼日尔、尼日利亚和加那利群岛（西）。面积约为656 万多平方千米。人口约 1.5 亿，其中黑人约占总人口的 85%，其余多为阿拉伯人。本区北部属撒哈拉沙漠，中部属苏丹草原，南部为上几内亚高原，沿海有狭窄的平原。本区所产金刚石约占世界总产量 12%，铝土矿约占非洲总产量 90% 以上，可可和棕榈仁均占世界总产量 50% 以上，棕榈油约占 38%，花生约占 11%，咖啡、天然橡胶在世界上也占有一定地位。

中非

中非通常包括乍得、中非、加蓬、喀麦隆、刚果（布）、刚果（金）、圣多美和普林西比，有时也把赞比亚、津巴布韦和马拉维作为中非的一部分。面积 536 万多平方千米，人口约 5 600 万，其中班图系黑人约占

56

80%，分布在南部。其余为苏丹语系黑人，分布在北部。本区北部属撒哈拉沙漠，中部属于苏丹草原，南部属刚果盆地，西南部属下几内亚高原。刚果盆地面积大约为337万平方千米，中心部分最低处海拔仅200米，四周的高原、山地一般高达海拔1 000米以上。所产金刚石占世界总产量30%左右，锰矿石占12%，铜、钴、铀、锡、镭、铌、钽等矿物产量都在世界上占重要地位。棕榈油、棕榈仁、天然橡胶、可可也非常重要。

南非

通常包括赞比亚、安哥拉、津巴布韦、马拉维、莫桑比克、博茨瓦纳、纳米比亚、南非、斯威士兰、莱索托、马达加斯加、科摩罗、毛里求斯、留尼汪岛（法）、圣赫勒拿岛（英）和阿森松岛（英）等。面积661万多平方千米，人口约1亿，其中班图语系黑人占85%，马来－波利尼西亚语系的马达加斯加人占9%，欧洲白种人占5%以上；南非高原为本区地形的主体，高原中部地势低洼为卡拉哈迪盆地，四周隆起为高原和山地，本区所产金约占世界总产量71.83%，金刚石、铬矿石约占28.17%，铜、钒、锂、铍、铍、钴，石棉的产量在世界上占着重要的地位。

知识窗

东非大裂谷是人类文明最古老的发源地之一，20世纪50年代末期，在东非大裂谷东支的西侧、坦桑尼亚北部的奥杜韦谷地，发现了具史前人的头骨化石，据测定分析，生存年代距今足有200万年，这具头骨化石被命名东非勇士为"东非人"。1972年，在裂谷北段的图尔卡纳湖畔，发掘出一具生代已经有290万年的头骨，其牲与现代人十分近似，被认为是已经完成从猿到人过渡阶段的典型的"能人"。1975年，在坦桑尼亚与肯尼亚交界处的裂谷地带，发现了距今已经有350万年的"能人"遗骨，并在硬化的火山灰烬层中发现了一段延续22米的"能人"足印。这说明，早在350万年以前，大裂谷地区已经出现能够直立行走的人，属于人类最早的成员。

东非大裂谷地区的这一系列考古发现证明，昔日被西方殖民主义者说成的"野蛮、贫穷、落后的非洲"，实际上是人类文明的摇篮之一，是一块拥有光辉灿烂古代文明的土地。

拓展思考

1. 非洲分布最广的自然带是什么？
2. 非洲主要热带经济作物是什么？
3. 在非洲，赤道横穿的是哪个大高原？

北美洲：辽阔的新大陆

Bei Mei Zhou：Liao Kuo De Xin Da Lu

北 美洲是北亚美利加州简称，位于西半球北部。东濒大西洋，西临太平洋，北濒北冰洋，南以巴拿马运河为界与南美洲相分。面积大约 2 422.8 万平方千米（包括附近岛屿），约占世界陆地总面积的 16.2%，是世界第三大洲。北美洲包括国家：巴哈马、伯利兹、美国、巴巴多斯、加拿大、哥斯达黎加、古巴、萨尔瓦多、格林纳达、危地马拉、洪都拉斯、海地、牙买加、圣卢西亚、墨西哥、尼加拉瓜、巴拿马、多米尼加、多米尼克、圣文森特和格林纳丁斯、特立尼达和多巴哥、安提瓜和巴布达、圣基茨和尼维斯、波多黎各、荷属安的列斯（是世界上岛国最多的大洲）。

※ 美国

◎自然资源

北美洲主要矿物是石油、天然气、煤炭、铁、铜、镍、铀、铅、锌等，北美洲的森林面积约占全洲面积的 30%，约占世界森林总面积的 18%。盛产达格拉斯黄杉、巨型金针柏、奴特卡花柏、糖槭、松、红杉、铁杉等林木。草原面积占全洲面积 14.5%，约占世界草原面积的 11%。北美洲可开发的水力资源蕴藏量约为 24 800 万千瓦，占世界水利资源蕴藏量的 8.9%，已开发的水利资源为 5 360 万千瓦，占世界的 34.7%。

北美洲沿海渔场的面积约占世界沿海渔场总面积的 20%，西部和加拿大东部的边缘海区为主要渔场，盛产鲑、鲽、鳕、鲭、鳗、鲱、沙丁、比目、萨门等鱼类，在加拿大东部边缘海区还产鲸，北部沿海有海象、海豹以及北极熊等。

◎经济简况

工业

美国和加拿大是经济发达的国家，工业基础十分雄厚、生产能力巨大、科学技术先进。农、林、牧、渔业也极为发达。北美洲其他国家除墨西哥有一些工业基础外，多为单一经济国家。北美洲采矿业规模较大，主要开采煤、原油、天然气、铁、铜、铅、锌、镍、硫磺等，而锡、锰、铬、钴、铝土矿、金刚石、硝石、锑、钽、铌以及天然橡胶等重要的战略原料几乎全部或大部靠进口。主要工业品产量在世界总产量中的比重为：生铁、钢、铜、锌等均占20%左右，铝占40%以上，汽车约占37%。

农业

北美洲农业生产商品化、专门化和机械化程度都很高。中部平原是世界著名的农业区之一，农作物以玉米、小麦、水稻、棉花、大豆、烟草为主，大豆、玉米和小麦产量在世界农业中占重要地位，中美洲、西印度群岛诸国和地区主要生产甘蔗、香蕉、咖啡、可可等热带作物。

交通

北美洲铁路总长420 000多千米，内河通航里程约55 000多千米，公路四通八达。美国东北部是交通最发达的地区，其次是美国中部、东南部、西部沿海地区；加拿大东南部；墨西哥东部，以公路和铁路运输为主。古巴的糖厂铁路专用线较发达。加拿大中部地区的夏季河运、冬季雪橇运输也很重要，北部沿海地区以雪橇运输为主。

◎地理区域

分为东部地区、中部地区、西部地区、阿拉斯加、加拿大北极群岛、格陵兰岛、墨西哥、中美洲和西印度群岛九区。

东部地区

东濒大西洋，海岸曲折，有很多港湾，北美洲大部分港口集中在这一地区，圣劳伦斯河谷以北为拉布拉多高原，海拔300～600米，有很多冰川湖，有湖泊高原之称；以南为阿巴拉契亚山脉，一般海拔1000～1500米，山脉西侧为阿巴拉契亚高原，山脉与大西洋间有狭窄的山麓高原和沿海平原。

中部地区

位于拉布拉多高原－阿巴拉契亚山脉与落基山脉之间，北起丘吉尔河上游，南达墨西哥湾，长约 3 000 千米，宽约 2 000 多千米。是北美洲小麦、玉米、大豆、棉花最集中的产区，也是畜牧业最发达的地区之一。

西部地区

西部地区由高大的山脉和高原组成，属美洲科迪勒拉山系的北段，落基山脉是本区地形的骨架。多火山、温泉，地震频繁。内地气候干旱，以畜牧业为主，太平洋沿岸地区种植亚热带果品的园艺业十分发达，本区采矿业占重要地位，制造工业以飞机、造船等为主。

阿拉斯加

位于北美洲西北部，大陆部分，山脉分列南北，中部为育空高原，太平洋沿岸地区多火山，地震频繁。矿物主要有石油、金、锡、铜、煤等，经济以采矿业、渔业和皮毛业为主。阿留申群岛是阿拉斯加西南的一群火山岛，地震频繁，有皮毛兽的驯养和渔业。

加拿大北极群岛

加拿大北极群岛是北美大陆以北，格陵兰岛以西众多岛屿的总称，面积约 160 万平方千米。人口稀少，主要居民是因纽特人。各岛之间有很多海峡，其中巴芬岛与拉布拉多半岛之间的哈得孙海峡，是哈得孙湾通大西洋的海上交通要道。各岛坚岩裸露，多为海拔 500～1000 多米的山地，长期受冰川作用，多冰川地形和冰川作用形成的湖泊。沿海平原狭窄，海岸曲折多峡湾。气候严寒，年平均降水量不足 300 毫米，居民以捕鱼和捕海兽为生。

西印度群岛

西印度群岛位于大西洋及其属海加勒比海、墨西哥湾之间，这些群岛分为三大组：①巴哈马群岛，由 14 个较大的岛屿、700 个小岛和暗礁以及 2400 个环礁组成。岛上主要居住黑种人。各岛海拔最高不到 60 米。属热带雨林气候。②大安的列斯群岛，包括古巴、海地、牙买加、波多黎各诸岛及其附属岛屿，一半以上为山地，海地岛和波多黎各岛地震频繁。各岛北部属热带雨林气候，南部属热带草原气候。③小安的列斯群岛，包括

背风群岛、向风群岛和委内瑞拉北面海上许多岛屿。多为火山岛，地震频
繁，属热带雨林气候。

格陵兰

位于北美洲东北，介于北冰洋与大西洋之间。面积约 2 175 600 平方
千米，是世界第一大岛，常被称为格陵兰次大陆。人口 80% 是格陵兰人，
全岛约 4/5 的地区处于北极圈内。面积 84% 为冰雪所覆盖。中部偏东最
高海拔 3 300 米，边缘地区海拔 1 000～2 000 米，气候严寒。矿物有冰晶
石、铁、锌、铅、锆、褐煤等，近年在南部发现钼、铀、钍等矿物。著名
的动物有麝牛、驯鹿、北极熊等，居民以渔业为主，南部地区有少量牧羊
业、鱼类加工、采矿业尤以南端冰晶石的开采最重要。首府戈特霍布。

墨西哥

位于北美洲的南部，是
剑麻、银胶菊等栽培植物的
原产地。

中美洲

中美洲是中亚美利加州
的统称，指墨西哥以南、哥
伦比亚以北的美洲大陆中部
地区。东临加勒比海，西濒

※ 格陵兰岛

太平洋，是连接南、北美洲的桥梁。包括危地马拉、洪都拉斯、伯利兹、
萨尔瓦多、尼加拉瓜、哥斯达黎加和巴拿马。面积约 52 万平方千米，人
口约 2 984 万。全区以高原和山地为主，山地紧靠太平洋岸，属美洲科迪
勒拉山系的中段，最高处海拔达 4 000 米以上，多火山，有活火山 40 余
座，地震频繁，中美洲是甘薯的原产地。

知识窗

早在欧洲殖民者到达之前，印第安人已在北美洲繁衍生息。他们主要分布于
从圣劳伦斯河畔到佛罗里达的大西洋沿岸、中部平原、墨西哥高原和中美地峡等
地，依山傍水而居，以农业和渔猎为生，并创造了灿烂的玛雅文明和阿兹特克
文明。

哥伦布于 1492～1504 年间 4 次率领西班牙船队到西印度群岛探险，4 次航行
分别到达巴哈马群岛、安的列斯群岛和中美地峡沿海地带。1497 年，卡博特父子

到达纽芬兰岛并进至圣劳伦斯河口沿岸。约40年后,卡提埃率法国军队沿圣劳伦斯河上溯,到达蒙特利尔一带。欧洲人"发现"新大陆后,相继占领,对印第安人残酷掠夺、肆意屠杀,并把他们从世居的土地上赶往西部干旱地区。

16世纪中叶,西班牙人首先在美、墨边界以北的大陆主体部分建立了圣奥古斯丁殖民地。17世纪初,法国人在现加拿大东海岸的新斯科舍建立第一个居留地,随后建立了魁北克殖民地,并以此为基地,上溯圣劳伦斯河,越五大湖,顺密西西比河南下,扩张至墨西哥湾沿岸地区。

英国从17世纪初才在弗吉尼亚建立第一个永久性殖民地,此后,荷兰、芬兰和瑞典在大西洋沿岸地区相继殖民。至18世纪早期,北美大陆的殖民势力基本上是三分天下。英国占领了从新斯科舍到佛罗里达的大西洋沿岸狭长地带;法国占领了从圣劳伦斯河、五大湖到密西西比河流域辽阔而肥沃的中部平原;西班牙占领了佛罗里达、得克萨斯、新墨西哥以及西至太平洋沿岸的广阔的远西地区。

英国殖民势力在大陆东部扎根不久,英国移民及其后裔举行武装起义,并于1776年脱离英国,建立美利坚众国。与此同时,一些亲英皇室的反独立者纷纷北迁加拿大安大略和魁北克两省定居。这就是北美大陆两个大国美国和加拿大的雏形。

19世纪中叶,美国领土扩张至太平洋岸。1867年加拿大成为自治领,其版图也于19世纪70年代推进到太平洋沿岸。横贯大陆的铁路干线建成后,掀起了开发中西部的热潮。至此,北美大陆主体部分基本上已为英国殖民势力所控制。法国只剩下纽芬兰岛南面的圣皮埃尔岛和密克隆岛两个小岛屿。美国在其领土扩展到墨西哥湾沿岸后,开始向中美地峡和西印度群岛扩张,占领波多黎各、控制巴拿马运河区、购买维尔京群岛的3个小岛,第二次世界大战期间又接管了几个英属殖民地。由此,早期拉丁语系宗主国垄断统治的北美大陆南部、中美地峡和西印度群岛,美国的影响已日趋增长。

拓展思考

1. 美国东南部的气候为亚热带气候,为什么该地区大部分是温带混交林和落叶阔叶林?

2. 分析美国钢铁工业向沿海、沿湖地带集中的原因是什么?

3. 比较亚洲和北美洲气候的特点,并比较其原因。

南美洲：三角形的大陆

Nan Mei Zhou：San Jiao Xing De Da Lu

南美洲是南亚美利加洲的简称，南美洲位于西半球的南部，东濒大西洋，西临太平洋，北濒加勒比海，南隔德雷克海峡与南极洲相望。西面有海拔数千米的安第斯山脉，东面则主要是平原，包括亚马逊河森林。一般以巴拿马运河为界同北美洲相分，包括哥伦比亚、委内瑞拉、圭亚那、苏里南、厄瓜多尔、秘鲁、巴西、玻利维亚、智利、巴拉圭、乌拉圭、阿根廷、法属圭亚那等 13 个国家和地区。

◎自然地理

地形

南美洲大陆地形可分为 3 个南北向纵列带，西部为狭长的安第斯山，

※ 安第斯山

东部为波状起伏的高原，中部为广阔平坦的平原低地。南美洲海拔300米以下的平原约占全洲面积的60%，海拔300米至海拔3 000米之间的高原、丘陵和山地约占全洲面积的33%，海拔3 000米以上的高原和山地约占全洲面积的7%。全洲平均海拔600米。

地质

南美洲是世界上火山较多、地震最为频繁的一个洲。科迪勒拉山系是太平洋东岸火山带的主要组成部分，安第斯山脉北段有16座活火山，南段有30多座活火山。尤耶亚科火山海拔6 723米，是世界上较高的活火山。地震以太平洋沿岸地区最为频繁。大陆海岸线长约28 700千米，比较平直，多为与山脉走向一致的侵蚀海岸。缺少大半岛和大海湾。岛屿也不多，主要分布在大陆南部沿海地区。

气候

南美洲大部分地区属于热带雨林气候和热带草原气候，气候特点是温暖湿润，以热带为主，大陆性并不显著。全洲除山地外，冬季最冷月的平均气温均在0℃以上，占大陆主要部分的热带地区，平均气温超过20℃，冬季远比北美洲暖和。而南美洲西部则有呈带状分布的热带沙漠气候和地中海气候，安第斯山脉则为高山气候，在南美洲东南部则有亚热带季风和季风性湿润气候。

水文

南美洲水以科迪勒拉山系的安第斯山为分水岭，东西分属于大西洋水系和太平洋水系。太平洋水系源短流急，且多独流入海。大西洋水系的河流大多源远流长、支流众多、水量丰富、流域面积广。其中，亚马孙河是世界上最长、流域面积最广、流量最大的河流之一，其支流超过1 000千米的有20多条。南美洲水系内流区域很小，内流河主要分布在南美西中部的荒漠高原和阿根廷的西北部。南美洲除最南部外，河流终年不冻。南美洲多瀑布，安赫尔瀑布落差达979米，为世界落差最大的瀑布。南美洲湖泊不多，安第斯山区的荒漠高原地区多构造湖，如喀喀湖、波波湖等；南部巴塔哥尼亚高原区多冰川湖；内流区多内陆盐沼，南美洲西北部的马拉开波湖是最大的湖泊。

◎南美主要国家

◎巴西

目前，巴西是南美洲工农业最发达的国家。巴西位于南美洲东部，东临大西洋。面积850多万平方千米，巴西人口约为186 957 906。巴西是南美洲面积最大、人口最多的国家，面积位居世界第五位。

巴西主要由北部的亚马孙平原和南部的巴西高原组成，巴西领土的1/3在亚马孙平原上。这里地势低平，大部分海拔在150米以下，气候湿热，雨林分布广泛，是巴西生物资源最丰富的地区，平原以南的巴西高原地势由东南向西北倾斜，起伏平缓，海拔600～900米。这里矿藏丰富，锰和铁储量居世界前列。还有铬、镍、铌等多种矿藏，还是高级石英水晶的唯一产地和世界上工业用钻的重要产区之一。高原上分布着热带草原，东南部和东北部已成为巴西最重要的农业区。

巴西水力资源非常丰富，巴西已建立了许多水电站。西南边境上与巴拉圭两国合建的伊普泰水电站，是目前世界上第二大水电站，仅次于中国三峡水电站。

巴西是南美洲经济最发达的国家，工业在国民经济中的比重，已超过传统的农业和矿业产业部门。钢铁、汽车、飞机造船等工业都居南美洲首位。东南沿海地区集中了全国3/4的工业，是巴西工业的核心。

巴西农业相当发达，咖啡、蔗糖、可可、大豆的生产居世界重要地位。其中咖啡的产量和出口量都占世界首位，以东南部为主要产地。巴西可垦地还很多，农业生产潜力很大。

巴西的主要城市大部分布在东南沿海地区，圣保罗有人口1 100多万，为全国最大的城市和工业中心，集中了全国工业产值的一半左右，还有大型钢铁和炼油厂等多种工业，是全国经济中心和交通枢纽，也是南美洲第一大城市。

※ 巴西

智利

智利位于南美洲安第斯山脉西麓的太平洋沿岸，南北长 4 200 多千米，东西宽仅 90～400 千米，是世界上领土最狭长的国家。

智利全境多山，东有局峻连绵的安第斯山脉，西有较低的海岸山脉，两条山脉之间，是狭长的陷落带，为智利全国的精华所在。海岸山脉与陷落带的南段没入海中，形成许多半岛、岛屿和海湾，是南美洲海岸最曲折的一段。智利多火山、地震，是环太平洋火山地震带的一部分。

智利南部和北部，气候差别很大。北部处于副热带高压的控制下，几乎终年无雨，气候干旱，加以冷洋流的影响，形成阿塔卡马沙漠；中部，南纬 30°～40°间，是冬雨夏干的地中海式气候，为全国工农业生产和城市集中的地区，首都圣地亚哥就在这里；南部位于西风带内，降水很多，气温较低，有茂密的温带森林。

智利的铜和硝石两种矿产品举世闻名，铜的储量和产量都居世界前列，出口量仅次于赞比亚。铜的开采、冶炼和出口，占智利国民总收入的 1/4。智利硝石的产量和出口量都占世界首位。北部沙漠是世界上最大出产天然硝石的地方，硝石是制造肥料和炸药的原料。

阿根廷

阿根廷位于南美洲的东南部，阿根廷是世界上有名的农牧业国家。全国近半数的土地为牧场，耕地的 1/3 种饲料，饲养着上亿头牲畜。阿根廷盛产小麦、玉米、亚麻籽等农产品，牛肉、羊毛和小麦是主要的出口商品。近些年来，阿根廷除肉类加工、纺织等传统工业外，新建了钢铁、炼油、机械制造等工业部门。首都布宜诺斯艾利斯，是全国最大的工业中心和港口。

哥伦比亚

哥伦比亚是世界第二大咖啡生产国，咖啡年产量约占全球的 12%，虽然远低于第一名巴西的 30%～35%，但是大部分都是高品质的高山水洗豆。哥伦比亚中部被南北纵向的三条山脉分割成数块谷地，其中中央和东边的山脉正是咖啡的主要产区。此地咖啡用集散的市场来命名，在中央山脉的有美得林、阿曼尼亚和马尼札雷斯，而在东边山脉较有名的是波哥大和布卡拉艋。

委内瑞拉

委内瑞拉的咖啡产量不高，大部分供应国内消费。虽然委内瑞拉咖啡

主要产自西部接近哥伦比亚的地区，但是它的酸味非常弱，一点也不像哥伦比亚豆，反而比较像加勒比豆般甜而深沉。

秘鲁

水洗的秘鲁豆，以中部的婵茶玛悠与南部的库斯科最著名，另外北部也有一些不错的有机咖啡。秘鲁豆有柔和到锐利的酸味，单薄到中等的质感，滋味与香气颇佳，是很好的综合品成分。

▶ 知 识 窗

安第斯山脉是世界上最长的山脉，位于南美洲大陆西部，属美洲科迪勒拉山系，全长9 000千米，由一系列平行山脉和横断山体组成，间有高原和谷地。海拔多为3 000米以上，超过6 000米的高峰有50多座，其中有海拔6 960米的西半球最高峰阿空加瓜山。

亚马孙平原是世界上面积最大的冲积平原，位于南美大陆中北部，面积560万平方千米。地势低平，海拔多在200米以下，热带雨林密布。

亚马孙河是世界上流域面积最大、流量最大的河流，位于南美洲中北部，以乌卡亚利河为源，注入大西洋。全长6 480千米，沿途接纳1 000多条支流，流域面积705万平方千米，每年注入大西洋的水量约6 600立方千米（占世界河流注入大洋总水量的1/6）。

拉普拉塔河是世界上著名的宽河口河流，位于阿根廷和乌拉圭两国之间，由巴拉那河与乌拉圭河汇合而成，注入大西洋，全长4 700千米（以巴拉那河为源）。河口呈巨型喇叭状，水面宽广，面积达3.5万平方千米，河口线处宽223千米，为世界最宽的河口之一。

喀喀湖是世界上海拔最高的大淡水湖泊之一，位于秘鲁和玻利维亚两国交界处，面积8 290平方千米，海拔3 812米。

马拉开波湖是南美洲最大湖泊，位于委内瑞拉境内，面积14 344平方千米，最大水深34米，含盐度15‰～38‰。富藏石油，有"石油湖"之誉。

安赫尔瀑布是世界上落差最大的瀑布，位于委内瑞拉东南部丘隆河上，分两级，总落差979米。安赫尔瀑布地处群山密林，陆路难以通达。

伊瓜苏瀑布是南美洲最大瀑布，位于巴西和阿根廷交界处的伊瓜苏河上。瀑布分成大小275股，在汛期则连成一道宽达3.5千米、落差602米的马蹄型大瀑布。瀑布声如雷鸣，声传周围25千米，溅起的珠帘般雾幕高3 050米。

| 拓展思考 |

1. 南美洲水力资源蕴藏最丰富的地区是哪里？
2. 有"白银三国"和"仙人掌之国"美称的是哪个国家？

大洋洲：最小的洲

Da Yang Zhou：Zui Xiao De Zhou

大洋洲位于亚洲和南极洲之间，西邻印度洋，东临太平洋，并与南北美洲遥遥相对。大洋洲在太平洋西南部和南部的赤道南北广大海域中。大洋洲狭义的范围是指东部的波利尼西亚、中部的密克罗尼西亚和西部的美拉尼西亚三大岛群。大洋洲是亚非之间与南、北美洲之间船舶、飞机往来所需淡水、燃料和食物供应站，又是海底电缆的交汇处，在交通和战略上战友重要地位。大洋洲陆地总面积约 897 万平方千米。大洋洲有 14 个独立国家，其余十几个地区在美、英、法等国的管辖之下。在地理上划分为澳大利亚、新西兰、新几内亚、美拉尼西亚、密克罗尼西亚和波利尼西亚六个区。

◎大洋洲居民

大洋洲人口约为 2 900 万，约占世界人口的 0.5%，除南极洲外，大洋洲是世界人口最少的一个洲。全洲 65% 的人口分布在澳大利亚大陆，各岛国人口密度差异非常显著。巴布亚人、澳大利亚人、塔斯马尼亚人、毛利人、美拉尼西亚人、密克罗尼西亚人和波利尼西亚人等当地居民约占总人口的 20%，欧洲人后裔约占 70% 以上，此外还有混血种人、印度人、华人和日本人等，土著居民为黄种人和黑种人。绝大部分居民使用英语，三大岛群上的当地居民分别使用美拉尼西亚语、密克罗尼西亚语和波利尼西亚语。绝大部分居民信奉基督教，少数居民信奉天主教，印度人多数信印度教。

◎自然资源

矿物

矿物以镍、铝土矿、金、铬、磷酸盐、铁、银、铅、锌、煤、石油、大然气、铀、钛和鸟粪石等较为丰富，镍的储量约为 4 600 万吨，居各大洲前列；铝土矿储量 46.2 亿吨，居各洲第二位。

森林与草原

森林面积约占总面积的9%，约占世界森林总面积的2%，产松树、山毛榉、棕榈树、桉树、杉树、白檀木和红木等多种珍贵木材。草原占大洋洲总面积的50%以上，约占世界草原总面积的16%。

水利

水力蕴藏量约为13 500万千瓦，占世界水力总蕴藏量的4.9%；已开发水力280万千瓦，占世界总开发量的1.8%。估计年可发电2 000亿度，约占世界可开发水力资源的2%。

渔业

美拉尼西亚附近海域、澳大利亚东南沿海及新西兰附近海域为主要渔场，盛产沙丁鱼、鳕、鳗、鲭和鲸等。

◎经济简况

农业

大洋洲各国经济发展水平有很大差异，澳大利亚和新西兰两国经济发达，其他岛国多为农业国，经济较为落后，农作物有小麦、椰子、甘蔗、菠萝、天然橡胶等，小麦产量约占世界小麦总产量的3%，当地居民主要粮食是薯类、玉米、大米等。畜牧业以养羊为主，绵羊头数占世界绵羊总头数的20%左右，羊毛产量占世界羊毛约占总产量的40%左右。

工业

大洋洲的工业，主要集中在澳大利亚，其次是新西兰。主要有采矿、钢铁、有色金属冶炼、机械制造、化学、建筑材料、纺织等部门。大洋洲岛国工业多分布在各自的首都或首府，一般比较落后，仅以采矿及农、林、畜产品加工为主，多为外资控制，产品多供出口。

旅游业

近年来大洋洲国家重视发展旅游业，汤加、瓦努阿图等国家旅游业收入可观，成为国民经济的重要组成部分。大洋洲介于亚洲和南、北美洲之间，南遥对南极洲，是联系各大洲航线的必经之路。许多国际海底电缆均

通过这里，海洋航运成为国与国、岛与岛相互交往的重要手段。陆上交通主要有铁路和公路，公路总长 100 万千米以上，铁路总长 46 000 多千米，内河航运里程约 1 000 千米。有航线通达洲内各国和重要地区的首都和首府，同洲外各重要港口城市也均有联系。

◎大洋洲主要国家

澳大利亚

澳大利亚的首都是堪培拉，面积约为 7 682 300.00 平方千米，是大洋洲最大的国家。大洋洲的语言为英语，澳大利亚的官方语言是英语。

大洋洲的居民，英国及其他欧洲国家移民后裔占 95.2%，亚洲人占 1.3%，土著民族占 1.5%，其他民族占 2%。

澳大利亚没有国教，25% 的国民没有宗教信仰，罗马天主教教徒占 27%，圣公会教徒占 21%，其他基督教教派占 21%，其他宗教信仰者占 6%。

澳洲矿藏分布于十九世纪五十年代，在新南威尔士和维多利亚两州发现了金矿。大批来自欧洲、美洲和中国的淘金者蜂拥而至。澳大利亚人口从 1850 年的 40 万人激增至 1860 年的 110 万人。其后许多重要的金矿被

※ 澳大利亚

一一发现。同期发现的还有大量矿藏，矿产资源至少有 70 余种。

继新南威尔士、塔斯曼尼亚建立殖民区之后，西澳、南澳、维多利亚和昆士兰四处相继于 1829 年、1836 年、1851 年和 1859 年建立殖民区，各殖民区之间的联系不断加强，建立统一的联邦势在必行。1901 年 1 月 1 日，英国国会通过了由澳洲六个殖民区联合议定的宪法，正式成立了澳大利亚联邦，原来的六个殖民区分别成为联邦下属的六个州。

瑙鲁共和国

瑙鲁共和国面积（陆地面积）约为 21.1 平方千米，瑙鲁人占 57%，其他为南太平洋岛国人、华人、菲律宾人和欧洲人，通用英语。居民多数信奉基督教新教，少数信天主教。

瑙鲁人世代居住在岛上，1798 年英国船"猎手"号首抵瑙鲁，1888 年被并入德国马绍尔群岛保护地，20 世纪初英国人获准在此开采磷酸盐。1920 年国际联盟将瑙鲁划归英国、澳大利亚和新西兰共管，由澳代表三国对其行使职权。1942～1945 年被日本占领。1947 年成为联合国托管地，仍由澳、新、英共管，1968 年 1 月 31 日瑙鲁共和国独立。

瓦努阿图共和国

瓦努阿图共和国首都维拉港，陆地面积约为 1.219 万平方千米，水域面积约为 84.8 万平方千米。瓦努阿图共和国 98% 为瓦努阿图人，属美拉尼西亚人种，其余为法、英、华后裔和越南、波利尼西亚移民以及其他一些附近岛国人。官方语言为英语、法语和比斯拉马语，通用比斯拉马语，84% 的人信奉基督教。

马绍尔群岛共和国

马绍尔群岛共和国首都马朱罗，面积陆地面积 181.3 平方千米，多属密克罗尼西亚人种。马绍尔语为官方语言，通用英语。人口中 54.8% 为新教徒，25.8% 为神召会教徒，8.7% 为天主教徒，1.5% 的人不信宗教。

汤加王国

汤加王国首都努库阿洛法，陆地面积 747 平方千米，海域面积 25.9 万平方千米。汤加人（属波利尼西亚人种）约占 98%，通用语言是汤加语和英语。居民多数信奉基督教。1 000 多年前成立的汤加王国，至今经历了四个王朝。17 世纪初，荷兰人入侵。18 世纪下半叶，英国、西班牙等殖民者抵达汤加王国，1900 年沦为英国保护国，第二次世界大战中，美国、新西兰在此建立军事补给基地。1970 年 6 月 4 日汤加王国宣布独立，为英联邦成员国。

新西兰

新西兰首都惠灵顿，陆地面积 27.0543 万平方千米。专属经济区海域面积 130 万平方千米。欧洲移民后裔占 78.8%，毛利族占 14.5%，亚裔占 6.7%。无国教，66.7% 的居民信奉基督教新教和天主教，不信教者或无固定信仰者 9%，其他宗教 24.3%。

知识窗

① 大陆岛：新几内亚岛（伊里安岛）、新西兰南北两岛等。原为大陆一部分，后来由于地壳陷落或海平面上升同大陆分离，面积较大，地势较高。

②火山岛：海底火山喷发而成，海拔较高，地势险峻，如夏威夷群岛。

③珊瑚岛：由珊瑚虫的遗体堆积而成，面积不大，地势低平，如图瓦卢群岛。

拓展思考

1. 简述澳大利亚养羊业发达的自然原因。

2. 分析澳大利亚气候呈半环状分布的原因。

3. 澳大利亚矿产资源丰富，是世界著名的矿石出口国，其中两种矿石的出口在世界上占有重要地位，试描述这两种矿产的分布特点。

南极洲：最冷的洲

Nan Ji Zhou : Zui Leng De Zhou

南极洲是人类最后到达的大陆，也叫"第七大陆"。南极洲位于地球最南端，土地几乎都在南极圈内，四周濒太平洋、印度洋和大西洋，是世界上地理纬度最高的一个洲，同时也是跨经度最多的一个大洲。南极洲总面积约 1 400 万平方千米，约占世界陆地总面积的 9.4％，位于七大洲面积的第五位。由围绕南极的大陆、陆缘冰和岛屿组成，其中大陆面积 1239.3 万平方千米，陆缘冰面积 158.2 万平方千米，岛屿面积 7.6 万平方千米。

◎地理地貌

南极洲分为东南极洲和西南极洲，东南极洲从西经 30°向东延伸到东经 170°，包括科茨地、毛德皇后地、恩德比地、维多利亚地、威尔克斯地、南极高原、乔治五世海岸和南极点，面积 1 018 万平方千米。西南极洲位于西经 50～

※ 南极

160°之间，包括南极半岛、亚历山大岛、埃尔斯沃思地以及玛丽·伯德地等，面积约为 229 万平方千米。

南极大陆约有 98％的地域终年为冰雪所覆盖，冰盖面积约 200 万平方千米，平均厚度 2 000～2 500 米，最大厚度为 4 800 米，它的淡水储量约占世界总淡水量的 90％，约占世界总水量的 2％。如果南极冰盖全部融化，地球平均海平面将升高 60 米，我国东部的经济特区将被淹没在一片汪洋之中。

南极洲分布着众多的淡水和咸水湖池，最有名的是唐胡安池，其湖水含盐度极高，每升湖水含盐量可达 270 多克，即使是在－70℃，湖水也不会结冰。南极洲还有一种表面结冰、湖底高温高盐的湖，如较有名的万达湖和邦尼湖。湖表面结着 23 米厚的冰，冰下湖水清澈，浮游生物极少，湖水的含盐量随深度的增加而增加。湖底水的含盐量往往可以高出海水的 10 倍。湖水的温度亦随深度增加而升高，在全年平均气温－20℃的环境中，湖底水温可高达 25℃。

◎自然环境

岛屿分布

边缘海与岛屿：南极洲边缘海有属于南太平洋的别林斯高晋海、罗斯海、阿蒙森海和属于南大西洋的威德尔海等。主要岛屿有奥克兰群岛、南设得兰群岛、布韦岛、阿德莱德岛、亚历山大岛、彼得一世岛、南乔治亚岛、南奥克尼群岛、爱德华王子群岛、南桑威奇群岛。

地形特征

南极洲横贯南极山脉将南极大陆分为东南极洲和西南极洲。东南极洲，面积较大，为古老的地盾和准平原，横贯南极山脉绵延于地盾的边缘。西南极洲面积较小，为褶皱带，由山地、高原和盆地组成。东西两部分之间有一沉陷地带，从罗斯海一直延伸到威德尔海。大陆几乎全部被冰雪所覆盖，冰层平均厚度有 1 880 米，最厚达 4 000 米以上。南极洲大陆平均海拔 2 350 米，是地球上平均海拔最高的大洲。最高点玛丽·伯德地的文森山海拔 5 140 米。大陆周围的海洋上有许多高大的冰障和冰山。全洲仅 2% 的土地无长年冰雪覆盖，被称为南极冰原的"绿洲"，是动植物主要栖息之地。"绿洲"上有高峰、悬崖、湖泊和火山。南极大陆共有两座活火山，分别是欺骗岛上的欺骗岛火山和罗斯岛上的埃里伯斯火山（又译埃拉波斯火山）。1969 年 2 月，欺骗岛火山曾经喷发过，使设在那里的科学考察站顷刻间化为灰烬，直到现在，人们仍然对此心有余悸。

气候特征

南极洲的气候特点是酷寒、烈风和干燥，南极洲全洲年平均气温为 −25℃，内陆高原平均气温为 −56℃ 左右，极端最低气温曾达 −89.8℃，为世界最冷的陆地。冬季极端气温很少低于 −40℃，世界上最低的气温记录是 −88.3℃，是 1960 年 8 月 24 日由苏联的东方站测定的。

南极洲的风也独具个性，冷空气从大陆高原上沿着大陆冰盖的斜坡急剧下滑，形成近地表的高速风。风向不变的下降风将冰面吹蚀成波状起伏的沟槽，全洲平均风速 17.8 米/秒，沿岸地面风速常达 45 米/秒，最大风速可达 75 米/秒以上，是世界上风力最强和最多风的地区。绝大部分地区降水量不足 250 毫米，仅大陆边缘地区可达 500 毫米左右。全洲年平均降水量为 55 毫米，大陆内部年降水量仅 30 毫米左右，极点附近几乎无降

水，空气非常干燥，有"白色荒漠"之称。

南极洲也是地球上最干燥的大陆，所有降水几乎都是雪和冰雹。极地气旋从大陆以北顺时针旋转，以长弧形进入大陆，除了西南极的低海拔地区，这些气流很难进入大陆内部。但是，在气旋经过的南极半岛末端（包括乔治王岛），年降水却特别丰富，可达900毫米。

季节与昼夜

南极洲每年分为寒季和暖季，4～10月是寒季，11～3月是暖季。在极点附近寒季为极夜，这时在南极圈附近常出现光彩夺目的极光。暖季则相反，为极昼，太阳总是倾斜照射。南磁极即地磁的南极，1985年南磁极的位置约为东经139°24′，南纬65°36′。"难达之极"约以南纬82°和东经55°～60°为中心，由于它的地势高峻，成为大陆冰川外流的一大分冰线，是难于接近或到达的地区。

◎自然资源

矿物

南极洲蕴藏的矿物约有220余种，主要有煤、石油、天然气、铂、铀、铁、锰、铜、金、铜、铝、锑、石墨、银、镍、钴、铬、铅、锡、锌、金刚石等。主要分布在东南极洲、南极半岛和沿海岛屿地区，如维多利亚地有大面积煤田，南部有金、银和石墨矿，整个西部大陆架的石油、天然气均很丰富，查尔斯王子山发现巨大铁矿带，南极半岛中央部分有锰和铜矿，乔治五世海岸蕴藏有锡、铅、锑、钼、锌、铜等，沿海的阿斯普兰岛有镍、钴、铬等矿，桑威奇岛和埃里伯斯火山储有硫磺。根据南极洲有大煤田的事实，可以推想他曾经可能位于温暖的纬度地带，才能有茂密森林经地质作用而形成煤田，后来经过长途漂移，才来到现今的位置。

生物

南极洲腹地可以说是一片不毛之地，那里仅有的生物就是一些简单的植物和一两种昆虫。但是，海洋里却充满了生机，那里有珊瑚、海藻、海星和海绵，大海里还有许许多多叫做磷虾的微小生物，磷虾为南极洲众多的鱼类、海鸟、海豹、企鹅以及鲸提供了食物来源。

南极洲气候严寒，植物难于生长，偶尔能见到一些苔藓、地衣等植物。海岸和岛屿附近有鸟类和海兽，鸟类以企鹅为多。夏天，企鹅常聚集

在沿海一带，构成有代表性的南极景象。海兽主要有海豹、海狮和海豚等。大陆周围的海洋，鲸鱼成群，为世界重要的捕鲸区。但是由于鲸鱼捕杀过甚，鲸的数量已经大为减少，海豹等海兽也几乎绝迹。南极附近的海洋中还有极多营养丰富的小磷虾。南极周围海洋中还盛产磷虾，估计年捕获量可达 10.5 亿吨，可提供人类对水产品的需求。经过植物学

※ 企鹅

家考察，发现南极洲仅有 850 多种植物，而且大多数为低等植物，只有 3 种开花植物属于高等植物。在低等植物中，地衣有 350 多种，苔藓 370 多种，藻类 130 多种。植物的品种和数量，不仅不能与其他大陆相比，就是同北极地区相比也相差很远。北极地区虽然也是气温很低，最低气温在 -60℃ 以下，大部地区属于永久冻土带，但那里生长的植物品种及数量都比南极洲多，仅开花植物就有 100 多种，地衣达 2 000 多种，苔藓 500 多种，还有一些南极洲没有的植物。

▶ 知识窗

　　理论上不同经度的地方有不同的地方时，不同的时区有不同的区时。但南极洲地区经线密，实行时区制度需在旅行中频繁地进行钟点变换，且漫长的白昼和黑夜使得太阳东升西落和中天没有中低纬地区那样具有明确的时刻意义，以致划分时区也没多大实际意义。因此南极地区不分时区，在科研活动中常使用世界时即格林尼治时间作为一切经度地方的标准时。但南极地区许多永久性的科学考察站多位于大陆边缘的极圈附近，在日常活动中也使用着当地的区时。如我国南极长城站（62°13′S、58°55′W）使用西四区的区时，中山站（69°22′S、76°22′W）使用西五区区时。

　　按地理科学的道理，南极点无论采用全球 24 个区时的哪一个区时作为南极点的时间都是对的。因为南极点是全球所有经线的相交点处。但南极点独独采用东十二区的区时，可谓"精妙"！因为东十二区是地球上新的一天开始得最早的地方，是最早迎来日出的地方。

▌拓展思考▐

1. 简述南极洲酷寒，干燥，烈风的冰原气候的特征和成因。
2. 我国在南极的第一个考察站是什么？
3. 从气温，降水，风速三方面分析南极洲的气候类型。

太平洋：世界第一大洋

Tai Ping Yang：Shi Jie Di Yi Da Yang

太平洋是世界最大的海洋，太平洋包括属海的面积约为1 8134.4万平方千米，不包括属海的面积约为1 6624.1万平方公里，约占地球总面积的1/3。从南极大陆海岸延伸至白令海峡，跨越纬度135°，南北最宽15 500千米。在太平洋水系中，最主要的是中国及东南亚的河流。

※ 太平洋

◎太平洋简介

太平洋，北到白令海峡，北纬65°44′，南到南极洲，南纬85°33′，跨纬度151°，南北长约15 900千米。东到西经78°08′，西到东经99°10′，跨177个经度，东西最大宽度约19 900千米。从南美洲的哥伦比亚海岸至亚洲的马来半岛，东西最长21 300千米。包括属海的体积为71 441万立方千米，不包括属海的体积69 618.9万立方千米。包括属海的平均深度为3 939.5米，不包括属海的平均深度为4 187.8米，最大深度是11 033米，位于马里亚纳海沟内。北部以宽仅102千米的白令海峡为界，东南部经南美洲的火地岛和南极洲葛兰姆地之间的德雷克海峡与大西洋沟通。西南部与印度洋的分界线为：从苏门答腊岛经爪哇岛至帝汶岛，再经帝汶海至澳大利亚的伦敦德里角，再从澳大利亚南部经巴斯海峡，由塔斯马尼亚岛直抵南极大陆。由于地球上主要山系的布局，注入太平洋河流的水量仅占全世界河流注入海洋总水量的1/7。

太平洋海盆可划分为三个区。

1. 东区：美洲科迪勒拉山系从北部阿拉斯加起，向南直抵火地岛，除了最北、最南段峡湾海岸的岛群以及深入大陆的加利福尼亚湾之外，海岸平直，大陆棚狭窄，重要海沟北有阿卡普尔科海沟，南有秘鲁－智利海沟。

2. 西区：亚洲部分海岸曲折，结构复杂。大陆东缘有突出的半岛，岸外有一系列岛弧，形成众多的边缘海。从北向南有白令海、鄂霍次克海、日本海、黄海、东海和南海。岛群外缘有一系列海沟，北有勘查加海沟、千岛海沟、日本海沟，南有东加海沟、克马德克海沟等。

※ 太平洋

3. 太平洋中部是面积宽广的海盆，是地壳构造最稳定的地区，海水深度一般在 4 570 米左右。西经150°以东为东太平洋海盆，从中美地峡经科科斯海岭至加拉帕戈斯群岛一线以南是秘鲁－智利海盆和东南太平洋海盆。再向南越过东南太平洋海隆即为太平洋－南极洲海盆。这一海盆与西经150°之间的地区为太平洋－南极洲海岭。西经150°～180°，自东而西有太平洋中央海盆、马里亚纳海盆和菲律宾海盆。在新西兰与东澳大利亚之间为塔斯曼海盆，向南为麦加利海岭，即太平洋与印度洋之间的水下界线。

◎交通运输

太平洋在国际交通上占有着重要地位，东部的巴拿马运河和西南部的马六甲海峡，分别是通往大西洋和印度洋的捷径和世界主要航道。还有很多条联系亚洲、大洋洲、北美洲和南美洲的重要海、空航线经过太平洋。太平洋海运航线主要有东亚－北美西海岸航线、东亚－加勒比海、北美东海岸航线，东亚－南美西海岸航线，东亚沿海航线，东亚－澳大利亚、新西兰航线，澳大利亚、新西兰－北美东、西海岸航线等，太平洋沿岸还有众多的港口。

◎自然环境

岛屿

太平洋岛屿约有 10 000 个，总面积约为 440 多万平方千米，约占世界岛屿总面积的 45%。大陆岛主要分布在西部，如加里曼丹岛、新几内亚岛、日本群岛等；中部有很多星散般的海洋岛屿如火山岛、珊瑚岛等。

海底地形

太平洋可分为中部深水区域、边缘浅水区域和大陆架三大部分，大致 2 000 米以下的深海盆地约占总面积的 87%，200～2 000 米之间的边缘部分约占 7.4%，200 米以内的大陆架约占 5.6%。北部和西部边缘海有宽阔的大陆架，中部深水域水深多超过 5 000 米。北半部有巨大海盆，西部有多条岛弧，岛弧外侧有深海沟。夏威夷群岛和莱恩群岛将中部深水区分隔成东北太平洋海盆、西南太平洋海盆、西北太平洋海盆和中太平洋海盆。海底还有大量的火山锥。边缘浅水域水深多在 5 000 米以上，海盆面积较小。

火山与地震

全球约有 85% 的活火山和约 80% 的地震，集中在了太平洋地区。太平洋东岸的美洲科迪勒拉山系和太平洋西缘的花彩状群岛是世界上火山活动最剧烈的地带，活火山多达 370 多座，有"太平洋火圈"之称，地震十分频繁。

气候

太平洋热带和副热带气候占优势，因为太平洋有很大一部分处在热带和副热带地区，它的气候分布、地区差异与水面洋流及邻近大陆上空的大气环流有很大关系。气温随纬度的增高而递减。南、北太平洋最冷月平均气温从回归线向极地为 20 ℃～16 ℃，中太平洋常年保持在 25℃左右。水面气温平均为 19.1℃，赤道附近最高达 29℃。在靠近极圈的海面有结冰现象。太平洋年平均降水量一般为 1 000～2 000 毫米，降水最少的地区不足 100 毫米，多雨区可达 3 000～5 000 毫米。北纬 40°以北、南纬 40°以南常出现海雾。太平洋上的吼啸狂风和波涛汹涌很是著名。在寒暖流交接的过渡地带和西风带内，多狂风和波涛，太平洋北部以冬季为多，南部以夏季为多，尤以南、北纬 40°附近为甚。中部较为平静，终年利于航行。

洋流与潮汐

太平洋洋流大致以北纬 5°～10°为界，分成南北两大环流：北部环流顺时针方向运行，由北赤道暖流、日本暖流、北太平洋暖流、加利福尼亚寒流组成；南部环流反时针方向运行，由南赤道暖流、东澳大利亚暖流、西风漂流、秘鲁寒流组成。两大环流之间为赤道逆流，由西向东运行，流速每小时 2 千米。潮汐多为不规则半日潮，潮差一般为 2～5 米。

◎海洋资源

太平洋生长的动、植物，无论是浮游植物或海底植物以及鱼类和其他动物都比其他大洋丰富。

太平洋浅海渔场面积约占世界各大洋浅海渔场总面积的 1/2，海洋渔获量占世界渔获量一半以上，秘鲁、日本、美国、中国舟山群岛、加拿大西北沿海都是世界著名渔场。盛产鲭、鳟、鲣、鲱、鳕、鲑、沙丁鱼、金枪鱼、比目鱼等鱼类。此外海兽（海豹、海熊、海獭、海象、鲸等）捕猎和捕蟹业也占重要地位。近海大陆架的煤、石油、天然气也很丰富，深海盆地有丰富的猛结核矿层（所含锰、镍、钴、铜四种矿物的金属储量比陆地上多几十倍甚至千倍），此外海底砂锡矿、金红石、锆、钛、铁及铂金砂矿储量也很丰富。

▶ 知 识 窗

太平洋通常以南、北回归线为界，分南太平洋、中太平洋（通常又称为热带太平洋）、北太平洋，或以赤道为界分南、北太平洋。也有以东经 160°为界，分东、西太平洋的。北太平洋：北回归线以北海域，地处北亚热带和北温带，主要属海有东海、黄海、日本海、鄂霍次克海和白令海。中太平洋：位南、北回归线之间，地处热带，主要属海有南海、爪哇海、珊瑚海、苏禄海、苏拉威西海、班达海等。南太平洋：南回归线以南海域，地处南亚热带和南温带，主要属海有塔斯曼海、别林斯高晋海、罗斯海和阿蒙森海。

拓展思考

1. 简述太平洋气候对海洋生物的影响。
2. 为什么环太平洋地区多火山和地震？

青少年应该知道的地球百科知识

大西洋：世界第二大洋

Da Xi Yang：Shi Jie Di Er Da Yang

大西洋是世界第二大洋，北面连接北冰洋，南面则以南纬 66° 与南冰洋接连。大西洋原面积 8 221 万 7 千平方千米，在南冰洋成立后，面积调整为 7 676 万 2 千平方千米，平均深度 3 627 米，最深处波多黎各海沟深达 8 605 米，从赤道南北分为北大西洋和南大西洋。

◎大西洋简介

大西洋位于欧洲、非洲与南、北美洲和南极洲之间，北以冰岛－法罗岛海丘和威维尔－汤姆森海岭与北冰洋分界，南临南极洲并与太平洋、印度洋南部水域相通，西部通过南、北美洲之间的巴拿马运河与太平洋沟通；东部经欧洲和非洲之间的直布罗陀海峡通过地中海，以及亚洲和非洲之间的苏伊士运河与印度洋的附属海红海沟通。太平洋西南以塔斯马尼亚

※ 大西洋

岛东南角至南极大陆的经线与印度洋分界（东经147°），东南以通过南美洲最南端的合恩角的经线与大西洋分界（西经68°），北经白令海峡与北冰洋连接，东经巴拿马运河和麦哲伦海峡、德雷克海峡沟通大西洋，西经马六甲海峡和巽他海峡通印度洋大洋东西较狭窄、南北延伸，轮廓略呈S形，自北至南全长约1.6万千米。大西洋的赤道区域，宽度最窄，最短距离仅约2 400多千米。大西洋的面积，连同其附属海和南大洋部分水域在内（不计岛屿），约9 165.5万平方公里，平均深度为3 597米，最深处位于波多黎各海沟内，为9 218米。

◎海洋资源

大西洋中的矿产资源主要有煤、石油、天然气、铁、重砂矿和锰结核等。大西洋两岸边缘的海盆中构成东大西洋带和西大西洋带两个油气带。

东大西洋油气带包括：①北海大陆架油田，已探明储量超过40亿吨，天然气为3万亿立方米。近年来石油年产量达1亿多吨，天然气年产量近1 000亿立方米。北海油田的开采极大地改善了北欧国家的能源条件，然而北海海域秋、冬季多风暴，且多阴雨，给海上钻探、开采带来艰巨性，并提高了采油成本。②几内亚湾一带以尼日利亚为主的海洋油区，其储油量约26亿吨。此外在大西洋西岸的加拿大、巴西、阿根廷的近海大陆架也相继发现油气资源，部分已经投产。

西大西洋油气带主要包括：①委内瑞拉北部的马拉开波湖海底油田和委内瑞拉和特立尼达岛之间的帕里亚湾油田。储量约40.2亿吨，天然气8 624亿立方米。近年来油田年开采量近1亿吨 ；天然气50亿立方米。②墨西哥湾海底油田，主要分布在西南部的坎佩切湾和美国得克萨斯州和路易斯安那州沿海。其中坎佩切湾石油探明储量近50亿吨，美国所属墨西哥湾大陆架区石油储量为20亿吨，天然气储量3 600亿立方米。

海底煤炭主要分布在英国东北部苏格兰的近海和加拿大新斯科舍半岛外侧的大陆架。英国的海底煤藏量不少于5.5亿吨，每年采煤量达2000～2500万吨。此外在西班牙、保加利亚、意大利、土耳其等国沿海海底也发现了有煤的储藏。在北美加拿大的纽芬兰岛东侧有世界最大海底铁矿。储量可能超过20亿吨，已经开采。波罗的海、芬兰湾也有海底铁矿。大西洋还有重砂矿，美国、巴西、阿根廷、挪威、丹麦、西班牙、葡萄牙、塞内加尔等海岸外都有发现。大西洋深4 000～5 000米海底处，广泛分布着锰结核，总储量约1万亿吨，主要分布在北美海盆和阿根廷海盆底部，其富集程度和品位均不及太平洋和印度洋。

大西洋生物资源非常丰富，最主要的是鱼类，其捕获量约占大西洋中海洋生物捕获量的 90% 左右。大西洋的渔获量曾居世界各大洋第一位，20 世纪 60 年代以后低于太平洋，退居第二位。但是大西洋单位面积渔获量达 250 千克/平方千米，居世界首位。捕获量最多的是东北诸海域，即北海、挪威海、冰岛周

※ 大西洋

围，年渔获量约占大西洋总渔获量的 45%，单位面积产量平均达 830 千克/平方千米，大陆架区域约 1 200 千克/平方千米。其次是大西洋西北海域，渔获量占总渔获量的 20%，单位面积平均渔获量 690 千克/平方千米。其中美国、纽芬兰、加拿大东侧大陆架海域单位面积产量高达 1 500 千克/平方千米，是世界大洋中单产最高的渔场。另外，安哥拉比斯开湾、加勒比海、纳米比亚沿海也是重要的捕渔区。大西洋靠近南极洲的海域是磷虾和鲸的重要捕获区。大西洋海域捕获的主要鱼类有鲱鱼、长尾鳕鱼、比目鱼、北鳕鱼、毛鳞鱼、金枪鱼、马古鲽鱼、鲑鱼、海鲈鱼等。这些鱼主要分布在大陆架和岛屿附近陆架区。开阔水域特别是热带海域尚有帆鱼和飞鱼。西欧和北美沿岸区盛产海扇、牡蛎、贻贝、螯虾和蟹类，当前大西洋沿海一些国家在积极发展人工养殖贻贝、沙噀等软体动物。

◎交通运输

大西洋在世界航运中占有极其重要的地位，它西通巴拿马运河连太平洋，东穿直布罗陀海峡、经地中海、苏伊士运河通向印度洋，北连北冰洋，南接南极海域，航路四通八达、非常便利。大西洋是世界航运最发达的大洋。大西洋沿岸几乎都是各大洲最发达的地区、经济水平较高的资本主义国家。贸易、经济来往十分频繁，是世界环球航运体系中的重要环节和枢纽。在全世界 2 000 多个港口中，大西洋沿岸占有 3/5，其中不少是世界知名港口。每天在北大西洋航线上的船只平均有 4 000 多艘，拥有世界 2/3 的货物周转量和 3/5 的货物吞吐量。

大西洋主要有 5 条主要航线：①欧洲与北美间的北大西洋航线。②欧洲与亚洲、大洋洲间的远东航线。③欧洲与墨西哥湾和加勒比海间的中大西洋航线。④欧洲与南美间的南大西洋航线。⑤从欧洲沿非洲大西洋岸到

开普敦的航线。其中北大西洋航线最繁忙，世界商船的 1/3 以上航行在这条航线上。海运的主要货物是石油和石油制品，其次是铁矿石、谷物、煤炭、铝土及氧化铝等。

沿岸主要港口有：欧洲的格但斯克、汉堡、勒阿弗尔、马赛、热那亚、安特卫普、利物浦、的里雅斯特、伦敦、康斯坦察、敖德萨等；非洲的亚历山大、蒙罗维亚、达尔贝达（卡萨布兰卡）、哈科特港、开普顿等；北美洲的纽约、巴尔的摩、诺福克、费城、坦帕、新奥尔良、休斯敦等；南美洲的马拉开波里约热内卢、图巴兰布宜诺斯艾利斯等。其中鲁特丹是世界上最大的海港，最高年吞吐量达 3 亿吨。20 世纪 70 年代北大西洋海底电缆总长达 20 万千米，其中 16 条是连接西欧与北美间的海底电缆，大西洋的上空是联系西欧、北美、南美和非洲间的重要交通要道。

▶ 知识窗

大西洋（英语 Atlantic Ocean）一词，源于希腊语词，意思是希腊神话中擎天巨神阿特拉斯（Atlas）之海。希腊语的拉丁化形式为 Atlantis。原指地中海直布罗陀海峡至加那利群岛之间的海域，以后泛指整个海域。在有些拉丁语的文献中，大西洋也称为 OceanusOccidentalis，意即西方大洋。古代对大西洋的有关知识，均载于托勒密的地图里，1440～1540 年间，大西洋上几乎全部岛屿以及大洋的陆界基本测绘清楚，1819～1821 年间，发现南极大陆及其周围的岛屿。

拓展思考

1. 简述大西洋在国际航运交通方面的重要性。
2. 为什么说海洋是巨大的生物宝库？
3. 简述洋流的环流系统是怎样形成的？

印度洋：热带大洋

Yin Du Yang：Re Dai Da Yang

◎印度洋简介

　　印度洋，位于亚洲、大洋洲、非洲和南极洲之间，是世界第三大洋。包括属海的面积为 7 411.8 万平方千米，不包括属海的面积为 7 342.7 万平方千米，约占世界海洋总面积的 20％。包括属海的体积为 28 460.8 万立方千米，不包括属海的体积为 28 434 万立方千米。印度洋的平均深度位居第二，仅次于太平洋，包括属海的平均深度为 3 839.9 米，不包括属海的平均深度为 3 872.4 米。其北为印度、巴基斯坦和伊朗；西为阿拉伯半岛和非洲；东为澳大利亚、印度尼西亚和马来半岛；南为南极洲。

　　印度洋有很多岛屿，其中大部分是大陆岛，如斯里兰卡岛、马达加斯加岛、尼科巴群岛、安达曼群岛、明打威群岛等。火山岛有留尼汪岛、科摩罗群岛、克罗泽群岛、凯尔盖朗群岛等。珊瑚岛有马尔代夫群岛、拉克沙群岛、查戈斯群岛，以及爪哇西南的圣诞岛、科科斯群岛等。

◎海底面貌

　　印度洋海底地貌十分复杂，东部有东印度洋海岭和岛弧、海沟带，在海岭、海丘、海台之间还分布着许多海盆。印度洋的大洋中脊，包括中印度洋海岭、阿拉伯－印度海岭、西南印度洋海岭和东南印度洋海岭。中印度洋海岭从阿姆斯岛向北延伸，平均宽度达 800 千米左右，一般高于两侧海盆 1 300～2 500 米，由于被一些与之垂直或斜交的断裂带切断错开，中脊裂谷表现时断时续的特征，因此中印度洋海岭形态崎岖破碎。中印度洋海岭向西北延伸形成阿拉伯－印度海岭，高度较大，继续向西北延伸，进入亚丁湾和红海；中印度洋海岭从罗德里格斯岛向西南分出西南印度洋海岭，经爱德华太子群岛，接大西洋－印度海岭；中印度洋海岭至圣波尔岛向东南连接东南印度洋海岭，再向东连接太平洋－南极海岭和东太平洋海岭。印度洋海底除中脊海岭外，还有许多近似南北向的构造带。这些构造带相互平行，绵延很远，其中东印度洋海岭，走向与东经线一致，是世界上最直的一条海岭。它北起北纬 10°附近的安达曼群岛，南至南纬 31°的

※ 印度洋

断裂海岭，长约 5 000 千米，东西宽约 150～250 千米。由于他沿着东经 90°分布，故又叫东经 90°海岭或卡彭特海岭。大洋中脊呈"入"字形，将印度洋分成三个海域。

（1）东部海域区：被东印度洋海岭分割，两侧有中印度洋海盆和西澳大利亚海盆。中印度洋海盆南北纵贯，北部为恒河水下冲积锥所掩盖的斯里兰卡深海平原。西澳大利亚海盆北部与深海沟相接，东南部被海岭、海丘和海台分割，海底地貌复杂。

（2）西部海域区：海底地貌最复杂，它被海岭和岛屿分割，分为索马里海盆、莫桑比克海盆和马达加斯加海盆。

（3）南部海域区：海底地貌比较简单，分为三个海盆：克罗泽海盆、大西洋—印度洋海盆和南极—东印度洋海盆。

◎水文特征

洋流影响：印度洋北部和南部洋流系统不同。

北部

印度洋北部受热带季风影响形成特殊的季风环流，冬季（1月），印度洋北部吹东北季风，由于地球转偏向力的关系，使北部孟加拉湾海水自东向西流，因受阿拉伯半岛阻碍，转向西南流，称索马里季风洋流，越过

赤道，往东南与南赤道暖流部分海水相遇，在南纬5°~6°间形成自西向东流的赤道逆流。当流至苏门答腊岛西岸，部分海水北流，补偿了孟加拉湾西流的海水，形成了逆时针方向的环流。夏季（7月），南印度洋东南信风使南赤道暖流向西流到科摩罗群岛附近分为两股，一股南流称莫桑比克暖流；另一股索马里寒流北上，在西南季风的吹送上向西北转向东北流，西南季风将索马

※ 印度洋

里沿岸表层水吹走，深层冷水上泛，水温降至27℃。它使索马里和阿拉伯半岛西岸地区干燥少雨。索马里寒流流经阿拉伯海进入孟加拉湾，后经苏门答腊岛附近南流，补偿南赤道暖流西流的海水，成为北部印度洋顺时针方向的环流。

南部

印度洋南部洋流的流向基本上很稳定，南赤道洋流自东到西横过印度洋，直达马达加斯加岛附近，一部分由北绕过该岛，穿过莫桑比克海峡南流称为莫桑比克暖流；另一部分直接沿岛南下，称马达加斯加暖流。这两股暖流在马达加斯加岛西南汇合后，沿着非洲东海岸南流，直至厄加勒斯角附近，称厄加勒斯暖流。到南纬40°附近，厄加勒斯暖流汇入南印度洋的西风漂流，流向澳大利亚西南海域，大部分继续东流进入太平洋，小部分沿大陆西南海接，形成印度洋南部的逆时针环流。

◎自然资源

印度洋的自然资源非常丰富，矿产资源以石油和天然气为主，主要分布在波斯湾，此外，澳大利亚附近的大陆架、孟加拉湾、红海、阿拉伯海、非洲东部海域及马达加斯加岛附近，都发现了石油和天然气。印度洋海域是世界最大的海洋石油产区，约占海上石油总产量的1/3。波斯湾海底石油探明储量为120亿吨，天然气储量7 100亿平方米，油气资源占中东地区探明储量的1/4。60年代以后，波斯湾油气产量大幅度上升，年产石油约2亿吨，天然气约500亿平方米，石油的储量和产量都占据世界

首位。

印度洋的金属矿以锰结核为主，主要分布在深海盆底部，其中储量较大的是西澳大利亚海盆和中印度洋海盆。此外，在印度半岛的近海、斯里兰卡周围以及澳大利亚西海域中还发现相当数量的重砂矿。60年代中期，曾在红海发现含有多种金属的软泥，它含有氧化物、碳酸盐和硫化物，包括铜、铅、铁、锌、银、金等多种金属，其中铁的平均含量是29%，锌的含量最高可达8.9%，红海的金属软泥是目前世界上已发现的具有重要经济价值的海底含金属沉积矿藏。

印度洋生物资源主要有各种鱼类，软体动物和一些海兽。印度洋年捕鱼量约有500万，比太平洋、大西洋少得多。印度洋中以印度半岛沿海捕鱼量最大，主要捕捞鱼类有：鲭鱼、沙丁鱼和比目鱼，非洲南岸还有金枪鱼、飞鱼及海龟等。在近南极大陆的海域里，还有鲤鲸、青鲸和丰瓦洛鲸。此外，在波斯湾的阿拉伯海、巴林群岛、斯里兰卡和澳大利亚沿海还盛产珍珠。

▶ 知识窗

印度洋海啸发生在2004年12月26日，这次地震发生的范围主要位于印度洋板块与亚洲板块的交界处，地处安达曼海。这场突如其来的灾难给印尼、斯里兰卡、泰国、印度，马尔代夫等国造成巨大的人员伤亡和财产损失。到2005年1月10日为止的统计数据显示，印度洋大地震和海啸已经造成15.6万人死亡，这可能是世界近200多年来死伤最惨重的海啸灾难。

拓展思考

1. 解释印度海啸开始时，为什么会出现海水狂退的现象？
2. 针对海啸，应该如何提高防灾措施？
3. 简述印度洋的自然环境特点。

北冰洋：冰盖与冰川的世界

Bei Bing Yang: Bing Gai Yu Bing Chuan De Shi Jie

◎北冰洋简介

北冰洋大致以北极圈为中心，位于地球的最北端，被欧洲大陆和北美大陆环抱着。它是世界最小最浅最冷的大洋。北冰洋有狭窄的白令海峡与太平洋相通，通过格陵兰海和许多海峡与大西洋相连，是世界大洋中最小的一个，面积仅为1 500万平方千米，还不到太平洋的1/10。它的深度为1 097米，最深为5 499米。古希腊曾把他叫做"正对大熊星座的海洋"。1650年，荷兰探险家 W. 巴伦支，把他划为独立大洋，命名为大北洋。1845年，英国伦敦地理经汉文翻译，命名为北冰洋。洋名 Arctic 源于希腊语，意指正对着大熊星座的海洋。

※ 北冰洋

◎自然环境

北冰洋根据自然地理特点，可分为北极海区和北欧海区两部分。北极海区包括北冰洋主体部分、喀拉海、拉普捷夫海、东西伯利亚海、楚科奇海、波弗特海及加拿大北极群岛各海峡；北欧海区包括格陵兰海、挪威海、巴伦支海和白海。北极圈以北的地区称北极地方或北极地区，包括北冰洋沿岸亚、欧、北美三洲大陆北部及北冰洋中许多岛屿。北冰洋地区大陆与岛屿的海岸线曲折，沿亚洲和北美洲海岸都有较宽的大陆架。

北冰洋陆棚十分发达，最宽达 1 200 千米以上。中央横亘罗蒙诺索夫海岭，从亚洲新西伯利亚群岛横穿北极直抵北美洲格陵兰岛北岸，峰顶一般距水面 1 000～200 米，个别峰顶距水面只有 900 多米，有剧烈的火山和地震活动，它把北极海区分成加拿大海盆、马卡罗夫海盆和南森海盆。海盆深度均在 4 000～5 000 米之间。北冰洋中部还有许多海丘和洼地。格陵兰岛和斯瓦尔巴群岛之间有一带东西向海底高地，是北极海区与北欧海区的分界。北欧海区东北部为大陆架，西南部为深水区，以格陵兰海最深，达 5 500 多米。

◎海底面貌

北冰洋是四大洋中面积最小、海岸最曲折的一个洋。北冰洋总面积约为 1 230 万平方千米，占海洋总面积 3.6%，体积约为 1 700 万立方千米，占海洋总体积的 1.24%。北冰洋的水平轮廓近乎一半是封闭性的地中海，海岸十分曲折。北冰洋岛屿的数量和面积仅次于太平洋居第二位。格陵兰岛（217.56 万平方千米）是世界第一大岛，加拿大的北极群岛（130 万平方千米）是世界第二大群岛。北冰洋是深度最浅、大陆架面积宽广的一个大洋，平均水深 1 296 米，最大深度为 5 449 米，水深不足 200 米的面积约 440 万平方千米，约占总面积的 35.8%；水深超过 3 000 米的面积仅占 15%（其中 4 000 米以上的只占 2.17%）。

北冰洋海底地貌的突出特点就是大陆架非常宽广，特别是亚欧大陆北部最宽，一般宽为 400～500 千米，最宽处近 1700 千米（水深 50～150米），阿拉斯加以北大陆架较窄，仅 20～30 千米。这些大陆架大部原为陆地的一部分，第四纪冰期以后才下沉成浅海。

北冰洋海底地貌的另一个特点就是起伏不平，一系列海盆、海岭、海槽和海沟交错分布，北冰洋中部有一横贯的海底山岭—罗蒙诺索夫海岭，自新西伯利亚群岛经北极到埃尔斯米尔岛，全长 1 800 千米。宽 60～200

千米，高出洋底3 000米，岭脊距海面约1 000米左右。洋底山地坡度大、陡峭，有火山喷发，山脉由沉积岩和变质岩组成，是构造断裂褶皱山。海岭把整个北冰洋分为两部分，面向北美洲为加拿大海盆，面向亚欧大陆的为南森海盆，两部分在海流、海水运动方向和水温等方面都有明显的差异。在加拿大海盆以西有一条门捷列夫海岭，长1 500千米，相对高度小，坡度平缓。在南森海盆外侧有一北冰洋中央海岭，又称南森海岭。加克利海岭或奥托·斯密特海岭，由几条平行海岭组成，自拉普帖夫海经格陵兰岛北端到冰岛接大西洋海岭。

◎海洋资源

北冰洋虽然气候严寒，是一个冰天雪地的世界，还有漫长的极夜，但它并不是人们想象的寸草不长，生物绝迹的不毛之地。当然比起其他几大洋来，生物的种类和数量是相对比较贫乏的。海岛上的植物主要是苔藓和地衣，南部的一些岛屿上有耐寒的草本植物和小灌木；动物以生活在浮冰、海岛和冰山上的白熊最著名，被誉为北极的象征，其他还有海豹、海象、北极狐、雪兔驯鹿和鲸鱼等。由于气温和水温很低，浮游生物少，故鱼类的种类和数量也比较少，只有巴伦支海和格陵兰海因处在寒暖流交汇处，鱼类比较多，盛产鲱鱼、鳕鱼，是世界上著名的渔场之一。夏季在西伯利亚沿岸一带鸟类很多，形成独特的"鸟市"。

北冰洋海域的矿产资源非常丰富，是地球上还没有开发的一个资源宝库，特别是喀拉海、巴伦支海、波弗特海和加拿大北部岛屿以及海峡等

※ 北冰洋

地，蕴藏有丰富的石油和天然气资源，估计石油储量可能超过 100 亿吨。斯匹次卑尔根的煤储量约 80 多亿吨，煤层厚、质量优、埋藏浅，苏联和挪威已经联合进行开采，年产煤约 100 多万吨。格陵兰的马莫里克山的铁矿，储量 20 多亿吨，是优质矿。此外，北冰洋地区还蕴藏着丰富的铬铁矿、钼、钒、铀、钍、铜、铅、锌、冰晶石等矿产资源，但是大多尚未开采利用。大陆架有丰富的石油和天然气，沿岸地区及沿海岛屿有煤、铁、磷酸盐、泥炭和有色金属。如伯朝拉河流域、斯瓦尔巴群岛与格陵兰岛上的煤田，科拉半岛上的磷酸盐，阿拉斯加的石油和金矿等。

◎海洋生物

海洋生物也相当丰富，以靠近陆地为最多，越深入北冰洋则越少。邻近大西洋边缘地区有范围辽阔的渔区，遍布繁茂的藻类（绿藻、褐藻和红藻）。海洋里有白熊、鲸、鲱、鳕、海象、海豹等。苔原中多皮毛贵重的雪兔、北极狐。此外还有驯鹿、极犬等。

▶ 知 识 窗

北冰洋，洋名（Arctic）源于希腊语，意思就是正对大熊星座的海洋。1650年，德国地理学家 B. 瓦伦纽斯首先把它划成独立的海洋，称大北洋；1845 年伦敦地理学会命名为北冰洋。改为北冰洋一是因为它在四大洋中位置最北，而且该地区气候严寒，洋面上常年覆有冰层，所以人们称它为北冰洋。

| 拓展思考 |

1. 简述北冰洋的自然环境特点。
2. 简述北冰洋的生物资源。
3. 简述北冰洋的形成原因。

地球自然灾害

DIQIUZIRANZAIHAI

第四章

地球自然灾害是指人类依赖的自然界中所发生的异常现象，自然灾害对人类社会所造成的危害往往是触目惊心的。它们之中既有地震、火山爆发、泥石流、海啸、洪水等突发性灾害；也有地面沉降、土地沙漠化、干旱、海岸线变化等在较长时间中才能逐渐显现的渐变性灾害；还有臭氧层变化、水体污染、水土流失、酸雨等人类活动导致的环境灾害。这些自然灾害和环境破坏之间又有着复杂的相互联系。

地震

Di Zhen

地震是地球内部发生的急剧破裂而产生的震波，然后在一定范围内引起地面振动的现象。地震也就是地球表层的快速振动，在古代又称为地动。它就像海啸、龙卷风、冰冻灾害一样，是地球上经常发生的一种自然灾害。地震是极其频繁的，全球每年发生地震大约550万次。

◎地震类型

地震可以分为天然地震和人工地震两类，此外，某些特殊情况下也会产生地震，比如大陨石冲击地面的时候，叫陨石冲击地震。引起地球表层振动的原因很多，根据地震的成因，可以把地震分为以下几种：

（1）构造地震：由于地下深处的岩石错动，破裂、因此把长期积累起来的能量急剧释放出来，然后以地震波的形式向四面八方传播出去，最后到地面引起的地动称为构造地震。构造地震发生的次数最多，破坏力也最大，约占全世界地震的90%以上。

（2）火山地震：火山地震是由于火山作用，如岩浆活动、气体爆炸而引起的。只有在火山活动区才可能发生火山地震，火山地震约占全世界地

※ 地震

震的 7% 左右。

（3）塌陷地震：由于地下岩洞或矿井顶部塌陷而引起的地震称为塌陷地震。这类地震的规模比较小，次数也很少，即使有，也往往发生在溶洞密布的石灰岩地区或大规模地下开采的矿区。

（4）诱发地震：诱发地震是由于水库蓄水、油田注水等活动而引发的。这类地震仅仅在某些特定的水库库区或油田地区才会发生。

（5）人工地震：人工地震是地下核爆炸、炸药爆破等人为引起的地面振动。如工业爆破、地下核爆炸造成的振动。在深井中进行高压注水以及大水库蓄水后增加了地壳的压力，有时也会诱发地震。

地球分为三层。中心层是地核，地核主要是由铁元素组成；中间是地幔；外层是地壳。地震一般发生在地壳之中。地壳内部在不停地变化，因此而产生力的作用（即内力作用），使地壳岩层变形、断裂、错动，于是便发生地震。超级地震指的是震波极其强烈的大地震。但其发生占总地震 7%～21%，破坏程度是原子弹的几倍，所以超级地震影响十分广泛，破坏力十分大。

◎地震概况

地震波发源的地方，叫做震源。震源在地面上的垂直投影，地面上离震源最近的一点称为震中，震源是接受振动最早的部位。震中到震源的深度叫做震源深度。通常将震源深度小于 60 千米的叫浅源地震，深度在 60～300 千米的叫中源地震，深度大于 300 千米的叫深源地震。对于同样大小的地震，由于震源深度不一样，对地面造成的破坏程度也是不一样的。震源越浅，破坏越大，但波及范围也越小，反之亦然。

破坏性地震一般是浅源地震，如 1976 年的唐山地震的震源深度为 12 千米。破坏性地震的地面振动最强烈处称为极震区，极震区往往也就是震中所在的地区。观测点距震中的距离叫震中距。震中距小于 100 千米的地震称为地方震，在 100～1000 千米之间的地震称为近震，大于 1000 千米的地震称为远震，其中，震中距越长的地方，受到的影响和破坏越小。

地震所引起的地面振动是一种复杂的运动，它是由纵波和横波共同作用的结果。在震中区，纵波使地面上下颠动。横波使地面水平晃动。由于纵波传播速度比较快，衰减也比较快，横波传播速度比较慢，衰减也比较慢。因此，离震中较远的地方，往往感觉不到上下跳动，但却能感到水平晃动。

当某地发生一个较大的地震的时候，在一段时间内，往往会发生一系列的地震，其中最大的一个地震叫做主震，主震之前发生的地震叫前震，主震之后发生的地震叫余震。

地震具有一定的时空分布规律，从时间上看，地震由活跃期和平静期交替出现。从空间上看，地震的分布呈一定的带状，称地震带。地震带主要集中在环太平洋地震带和地中海－喜马拉雅地震带两大地震带。太平洋地震带几乎集中了全世界80％以上的浅源地震（0～60千米），全部的中源（60～300千米）和深源地震（＞300千米），所释放的地震能量大约占全部能量的80％。

◎地震分布

（1）时间分布：地震活动在时间上具有一定的周期性。在一定时间段内地震活动比较频繁，强度很大，称为地震活跃期；而另一时间段内地震活动相对来讲频率较少，强度也比较小，称为地震平静期。

（2）地理分布：地震的地理分布受一定的地质条件控制，具有一定的规律。地震大多分布在地壳不稳定的部位，特别是板块之间的消亡边界，形成地震活动活跃的地震带。全世界主要有三个地震带：

一是环太平洋地震带，包括南、北美洲太平洋沿岸，阿留申群岛、勘查加半岛，千岛群岛、日本列岛，经台湾来到菲律宾转向东南直至新西兰，是地球上地震最活跃的地区，集中了全世界80％以上的地震。环太

※ 地震

平洋地震带是在太平洋板块和美洲板块、亚欧板块、印度洋板块的消亡边界，南极洲板块和美洲板块的消亡边界上。

二是欧亚地震带，大致从印度尼西亚西部，缅甸经中国横断山脉，喜马拉雅山脉，越过帕米尔高原，经中亚细亚到达地中海及其沿岸。欧亚地震带是在亚欧板块和非洲板块、印度洋板块的消亡边界上。

三是中洋脊地震带，包含延绵世界三大洋（即太平洋、大西洋和印度洋）和北极海的中洋脊。中洋脊地震带仅含全球约5%的地震，此地震带的地震几乎都是浅层地震。

中国地震主要分布在五个区域：台湾地区、西南地区、西北地区、华北地区、东南沿海地区和23条大小地震带上。

◎地震规模

目前衡量地震规模的标准主要有震级和烈度两种。

（1）地震震级：地震震级是根据地震时释放的能量的大小而定的。一次地震释放的能量越多，地震级别越大。目前人类有记录的震级最大的地震是1960年5月21日智利发生的9.5级地震，所释放的能量相当于一颗1 800万吨炸药量的氢弹，或者相当于一个100万千瓦的发电厂40年的发电量。汶川地震所释放的能量大约相当于90万吨炸药量的氢弹，或100万千瓦的发电厂2年的发电量。

目前，国际上一般采用美国地震学家查尔斯·弗朗西斯·芮希特和宾诺·古腾堡在1935年共同提出的震级划分法，即现在通常所说的里氏地震规模。里氏地震规模是地震波最大振幅以10为底的对数，并选择距震中100千米的距离为标准。里氏规模每增强一级，释放的能量约增加32倍。

一般情况下，小于里氏规模2.5的地震，人们感觉不到，称为小震或者是微震；里氏规模2.5～5.0的地震，震中附近的人会有不同程度的感觉，称为有感地震，全世界每年大约发生十几万次。大于里氏规模5.0的地震，会造成建筑物不同程度的损坏，称为破坏性地震。里氏规模4.5以上的地震可以在全球范围内监测到。

（2）地震烈度：同样大小的地震，造成的破坏不一定是相同的；同一次地震，在不同的地方造成的破坏也不一样。为了衡量地震的破坏程度，科学家又"制作"了另一把"尺子"—地震烈度。在中国地震烈度表上，对人的感觉、一般房屋震害程度和其他现象作了详细的描述，可以作为确定烈度的基本依据。影响烈度的因素有震级、震源深度、距震源的远近、

地面状况和地层构造等。

▶知识窗

地震前兆指地震发生前出现的异常现象，包括井水、泉水等。主要异常有发浑、冒泡、翻花、升温、变色、变味、突升、突降、井孔变形、泉源突然枯竭或涌出等。人们总结了震前井水变化的谚语：井水是个宝，地震有前兆。没有雨泉水浑，天干井水冒。水位升降大，翻花冒气泡。有的变颜色，有的变味道。

许多动物的某些器官感觉非常灵敏，能比人类提前知道一些灾害事件的发生，例如海洋中水母能预报风暴；老鼠能事先躲避矿井崩塌等。至于在视觉、听觉、触觉、振动觉，平衡觉器官中，哪些起了主要作用，哪些又起了辅助判断作用，对不同的动物可能有所不同。伴随地震而产生的物理、化学变化（振动、电、磁、气象、水氡含量异常等），往往能使一些动物的某种感觉器官受到刺激而发生异常反应。地震前动物反应动物异常表现牛、马、驴、骡惊慌不安、不进厩、不进食、乱闹乱叫、打群架、挣断缰绳逃跑、蹬地、刨地、行走中突然惊跑。

| 拓展思考 |

1. 简述地震波的波速及传播特点。
2. 地震震级较高的原因是什么？
3. 简述地震对人类生活的影响。

海 啸

Hai Xiao

◎海啸概况

　　海啸是由水下地震、火山爆发或水下塌陷和滑坡等大地活动造成的海面恶浪，并伴随巨响的现象。海底 50 千米以下出现垂直断层，里氏震级大于 6.5 级的情况下，最易引发破坏性海啸。海啸是一种具有强大破坏力的海浪，是地球上最强大的自然力。

　　海啸在海洋的传播速度大约每小时 500～1 000 千米，而相邻两个浪头的距离可能远达 500～650 千米，这种波浪运动所卷起的海涛，波高可高达数十米，并形成极具危害性的"水墙"。海啸的波长比海洋的最大深度还要大，在海底附近传播不受阻滞，不管海洋深度如何，波都可以顺利传播过去。

※ 海啸

◎海啸特点

地震引起的波动与海面上的海浪不同，一般海浪只在一定深度的水层波动，而地震所引起的水体波动从海面到海底整个水层都在波动。此外，海底火山爆发，土崩及人为的水底核爆也能引起海啸。此外，陨石撞击也会造成海啸，"水墙"可达百尺。而且陨石造成的海啸在任何水域都有机会发生，不一定在地震带，不过陨石造成的海啸可能千年才会发生一次。

海啸同风产生的浪或潮是有很大差异的。微风吹过海洋，泛起相对较短的波浪，相应产生的水流仅限于浅层水体。猛烈的大风能够在辽阔的海洋卷起高度约3米以上的海浪，但也不能撼动深处的水。而潮汐每天席卷全球两次，它产生的海流跟海啸一样能深入海洋底部。但是海啸并非由月亮或太阳的引力引起，它由海下地震推动所产生，或由火山爆发、陨星撞击、或水下滑坡所产生。海啸波浪在深海的速度能够超过每小时700千米，可轻松地与波音747飞机保持同步。虽然速度快，但在深水中海啸并不危险，低于几米的一次单个波浪在开阔的海洋中其长度可超过750千米，这种作用产生的海表倾斜如此之细微，以致这种波浪通常在深水中不经意间就过去了。海啸是静悄悄地不知不觉地通过海洋，但是出乎意料地在浅水中，它也会达到灾难性的高度。

海啸时掀起的狂涛骇浪，高度可达10多米至几十米不等，形成"水墙"。另外，海啸波长很大，可以传播几千千米而能量损失却很小。

◎海啸起因

海啸是一种灾难性的海浪，通常由震源在海底下50千米以内、里氏震级6.5以上的海底地震引起。水下或沿岸山崩或火山爆发也可能引起海啸。在一次震动之后，震荡波在海面上以不断扩大圆圈，然后传播到很远的距离，就像卵石掉进浅池里产生的波一样。海啸波长比海洋的最大深度还要大，轨道运动在海底附近也没受多大阻滞，不管海洋深度如何，波都可以传播。

※ 海啸

　　水下地震、火山爆发或水下塌陷和滑坡等激起的巨浪，在涌向海湾内和海港时所形成的破坏性的大浪称为海啸。破坏性的地震海啸，只在出现垂直断层、里氏震级大于 6.5 级的条件下才能发生。当海底地震导致海底变形时，变形地区附近的水体产生巨大波动，海啸就会产生了。

　　海啸的传播速度与它移行的水深成正比，在太平洋，海啸的传播速度一般为每小时 200～300 千米到 1000 多千米。海啸不会在深海大洋上造成灾害，正在航行的船只甚至是很难察觉到这种波动得。海啸发生时，越在外海越安全。

　　一旦海啸进入大陆架，由于深度急剧变浅，波高骤增，可达 20～30 米，这种巨浪可带来毁灭性灾害。

▶知识窗

　　海啸发生前，是有征兆的，比如，海底的突然下沉，会引起水流向下沉的方向流动，从而出现快速的退潮。由于海啸的能量的传播要作用于水，一个波与另一个波之间有一个距离，这个距离，就为那些有知识的人留下了逃生的时间。

　　大震之前，海水忽然迅速褪落，露出了从来没有见过天日的海底，鱼虾蟹贝等海洋动物纷纷在海滩上挣扎。一些有经验的人迅速跑到高处，幸免于难，但是，更多的人却魂归大海。地震使斯里兰卡失去了三万多生命，但是就在离海岸 3 千米远的国家公园也是其最大的野生动物保护区内，几百头野生大象、狮子和一些美洲豹狂躁不安，海啸到来前 15 分钟，这些动物冲出了动物园，然后向周围的高处迁徙，海啸引发的滔天洪水使国家公园周围变成了一片泽国，动物们却安然无恙；同样在斯里兰卡，海啸到来前 500 多只鹿快速的冲出聚居的地方，拼命逃向旷野，结果海啸丝毫没有伤害到鹿的生命，海啸过后到处是人的尸体，但是没有一具动物的尸体，不能不说是奇迹。斯里兰卡野生动物保护局副局长说："没有大象丧生，甚至野兔都活得好好的，我想动物可以感觉到灾难即将来临，他们有第六感觉，能预知海啸发生的时间。"

拓展思考

1. 为什么动物可以感受到海啸到来的征兆？
2. 海啸的组成因素有哪些？
3. 简述海啸对人类生活的影响。

火 山

Huo Shan

地 壳之下 100～150 千米处，有一个"液态区"，这个区内存在着高温、高压下，含气体挥发的熔融状硅酸盐物质，即岩浆。它一旦从地壳薄弱的地段冲出地表，就会形成火山，火山爆发能喷出许多种物质。

◎火山形成

火山的形成涉及到一系列物理化学过程，地壳上地幔岩石在一定温度压力条件下产生部分熔融并与母岩分离，熔融体通过孔隙或裂隙向上移动，并在一定部位逐渐富集，然后形成岩浆囊。随着岩浆的不断补给，岩浆囊的岩浆过剩压力逐渐增大。当表壳覆盖层的强度不足以阻止岩浆继续向上运动时，岩浆通过薄弱带向地表上升。在上升过程中溶解在岩浆中挥发份逐渐溶出，形成气泡，当气泡占有的体积分数超过 75％时，禁锢在

※ 火山

液体中的气泡会迅速释放出来，导致爆炸性喷发，气体释放后岩浆黏度降得很低，流动转变成湍流性质的。如果岩浆黏滞性数较低或挥发份较少，便仅有宁静式溢流。从部分熔融到喷发一系列的物理化学变化的差别形成了形形色色的火山活动。

◎火山分布

（1）环太平洋火山带：这里的火山多为中心式喷发，火山爆发强度较大。环太平洋火山带的火山岩主要是中性岩浆喷发的产物，形成了钙碱性系列的岩石。最常见的火山岩类型是安山岩，距海沟轴150～300千米的陆地内，安山岩平行于海沟呈弧形分布，即成所谓的"安山岩线"。自海沟向陆地方向岩石有明显的水平分带性，一般随着海沟距离的增大，依次分布为拉斑系列岩石、钙碱性系列岩石和碱性系列的岩石。如果发生在人口稠密区，则往往造成非常严重的火山灾害。

（2）洋脊火山带：大洋中脊火山带火山的分布是非常不均匀的，多集中于大西洋裂谷，北起格陵兰岛，经冰岛、亚速尔群岛至佛得角群岛，该段长达万余千米，海岭由玄武岩组成，是沿大洋裂谷火山喷发的产物。由于火山多为海底喷发，不容易被人们发现，据有关资料记载，大西洋中脊仅有60余座活火山。冰岛位于大西洋中脊，冰岛上的火山，我们可以直接观察到，岛上有200多座火山，其中活火山30余座，人们称其为火山岛。

※ 火山

在大洋中脊以外，只有一些零散的火山分布，它们是以火山岛屿的形式出现，如太平洋海底火山喷发形成的岛屿有夏威夷群岛，有塞班岛、关岛、提尼安岛、帕劳群岛、所罗门群岛、俾斯麦群岛、新赫布里底群岛及萨摩亚群岛等。在大西洋，如圣赫勒拿岛、阿森松岛，特里斯坦－达库尼亚群岛也都是一些火山岛，南极洲的罗斯海中的埃里伯斯火山也属该种类型。这些火山岛屿都是由玄武岩构成的，与大洋裂谷带内的火山岩基本相同。

（3）红海沿岸与东非火山带：东非大裂谷是大陆最大的裂谷带，分为两支：裂谷带东支，南起希雷河河口，经马拉维肖，向北纵贯东非高原中部和埃塞俄比亚中部，至红海北端，长约 5 800 千米，再往北与西亚的约旦河谷相接。西支南起马拉维湖西北端，经坦喀噶尼喀湖、基伍湖、爱德华湖、阿尔伯特湖，至阿伯特尼罗河谷，长约 1 700 千米。裂谷带一般深达 1 000～2 000 米，宽 30～300 千米，形成一系列狭长而深陷的谷地和湖泊，如埃塞俄比亚高原东侧大裂谷带中的阿萨尔湖，湖面在海平面以下150 米，是非洲陆地上的最低点。

（4）地中海－印度尼西亚火山带：这一带共有共有活火山 70 余座，其中印度尼西亚有 60 余座，地中海沿岸有 13 座。这一火山带喷发的岩浆性质从基性到酸性都有，不同的火山表现不同，同一火山不同喷发阶段也不同。

◎火山类型

按火山活动形式

（1）活火山

活火山是指现在尚在活动期间或周期性发生喷发活动的火山。这类火山正处于活动的旺盛时期。如爪哇岛上的梅拉皮火山，本世纪以来，平均间隔两三年就要持续喷发一个时期。我国火山活动以台湾岛大屯火山群的主峰七星山最为有名。大陆上，仅在新疆昆仑山西段于田的卡尔达西火山群有过火山喷发记录，火山喷发形成了一个平顶火山锥。

（2）死火山

死火山指史前曾发生过喷发，但有史以来一直未活动过的火山。此类火山已经丧失了活动能力。有的火山仍保持着完整的火山形态，有的则已遭受风化侵蚀，只剩下残缺不全的火山遗迹。我国山西大同火山群在方圆约 123 平方千米的范围内，分布着 99 个孤立的火山锥，其中狼窝山火山

锥高将近 1 900 米。

（3）休眠火山

休眠火山指有史以来曾经喷发过，但长期以来处于相对静止状态的火山。此类火山都保存有完好的火山锥形态，仍具有火山活动能力，或者还不能断定是否已经丧失火山活动能力。如我国长白山天池，曾于 1327 年和 1658 年两次喷发，在此之前还有多次活动。目前虽然没有喷发活动，但从山坡上一些深不可测的喷气孔中不断喷出高温气体，可见该火山目前正处于休眠状态。

这三种类型的火山之间并没有严格的界限，休眠火山可以复苏，死火山也可以"复活"相互间并不是一成不变的。过去人们一直认为意大利的维苏威火山是一个死火山，在火山脚下，人们建筑起许多大大小小的城镇，还在火山坡上开辟了葡萄园，但在公元 79 年，维苏威火山却突然爆发，高温的火山喷发物袭占了毫无防备的庞贝和赫拉古农姆两座古城，两座城市及居民全部毁灭和丧生。

按喷发类型

火山喷发类型按岩浆的通道分为裂隙式喷发、熔透式喷发和中心式喷发三大类。

（1）裂隙式喷发，又称冰岛型火山喷发。岩浆沿地壳中的断裂带或裂隙溢出地表，形成的火山通道在地表呈窄而长的线状，向下呈墙壁状。这类喷发并没有强烈的爆炸现象，喷发温和宁静，喷出的岩浆为黏性小的基性玄武岩浆，碎屑和气体比较少。基性熔岩溢出后，可以形成广而薄的熔岩流、熔岩坡或熔岩台地，甚至形成熔岩高原。

（2）熔透式喷发。熔透式喷发的岩浆上升时，由于温度非常高，再加上岩浆和岩石之间的一些化学作用，致使上面的岩石被熔透而顶开，形成直径很大、形状不规则的火山通道；岩浆失去压力后大面积溢出地表。炽热的岩浆从火山通道缓慢溢出形成熔岩流，最后逐渐冷凝形成熔岩。熔透式喷发形成的火山岩分布范围特别广，火山口一般不明显。这类喷发有时岩浆上升停留在中途，没能融化顶部岩层便冷凝下来，只在地面隆起成丘，这种火山称为"潜火山"或"地下火山"。一些学者认为，远古时代地壳较薄，地下岩浆热力较大，常造成熔透式岩浆喷发，但是现代已不存在。

（3）中心式喷发，岩浆沿火山喉管喷出地面。根据喷出物和活动强弱又可分为下列几种，其名称用代表性的火山名或地名、人名命名。

宁静式：火山喷发时，只有大量炽热的熔岩从火山口宁静溢出，顺着山坡缓缓流动，好像煮沸了的米汤从饭锅里沸泻出来一样。溢出的以基性熔浆为主，熔浆温度较高，黏度小，易流动。含气体较少，无爆炸现象、夏威夷诸火山为其代表，又称为夏威夷型。

爆炸式：火山爆发时，产生猛烈的爆炸，同时喷出大量的气体和火山碎屑物质，喷出的熔浆以中酸性熔浆为主。1568年6月25日，西印度群岛的培雷火山爆发就属此类，也称培雷型。

中间式：属于宁静式和爆炸式喷发之间的过渡型。此种类型以中基性熔岩喷发为主。若有爆炸时，爆炸力也不大。可以连续几个月，甚至几年，长期平稳地喷发，并以伴有歇间性的爆发为特征。以靠近意大利西海岸利帕里群岛上的斯特朗博得火山为代表，该火山大约每隔2～3分钟喷发一次，夜间在669千米以外仍可见火山喷发的光焰。故此又称斯特朗博利式。

▶ 知 识 窗

有些火山口堪称是大自然的神功之作：如号称"世界第八奇迹"的恩戈罗恩戈罗火山口，它深达600多米，上面直径为18千米，面积254平方千米，底面积为260平方千米，活像一口直上直下的巨井。而在这口"井"里，还生活着狮子、长颈鹿、水牛、斑马等很多动物，简直就像个热闹的动物园。

世界上最大的活火山口是日本九州岛上的阿苏火山，这个火山口东西方向17千米，南北方向25千米，周长100多千米，从它规模就可以想当时爆发的巨大威力。火山的附近经常还有温泉，人们非常喜爱它。

| 拓展思考 |

1. 火山爆发为什么会影响气候？

2. 火山气体与的热的火山灰的混合物为什么会竖直向上形成高大的蘑菇状云柱？

3. 我们应如何看待火山爆发造成的灾害和火山爆发后出现的生机。

泥石流

Ni Shi Liu

泥石流是指在地形险峻的地区，山区或者其他沟谷深壑，因为暴雨暴雪或其他自然灾害引发的山体滑坡并携带有大量泥沙以及石块的特殊洪流。泥石流具有突然性，它流速快，流量大，物质容量大和破坏力强。发生泥石流常常会冲毁公路铁路等交通设施甚至山村城镇等，给人们生活造成巨大的损失。

◎泥石流概况

泥石流是暴雨、洪水将含有沙石且松软的土质山体经饱和稀释后形成的洪流，其面积、体积和流量都比较大，而滑坡是经稀释土质山体小面积的区域。典型的泥石流是由悬浮着粗大固体碎屑物并富含粉砂及黏土的黏稠泥浆组成的。在适当的地形条件下，大量的水体浸透山坡或沟床中的固体堆积物质，使其稳定性降低，饱含水分的固体堆积物质在自身重力作用下发生运动，然后就形成了泥石流。泥石流是一种灾害性的地质现象。泥

※ 泥石流

石流爆发突然、来势凶猛，可携带巨大的石块。因其高速前进，具有强大的能量，因而破坏性非常大。

泥石流流动的过程一般情况下只有几个小时，短的只有几分钟。泥石流是一种广泛分布于世界各国一些具有特殊地形、地貌状况地区的自然灾害。泥石流是山区沟谷或山地坡面上，由暴雨、冰雪融化等水源激发的、含有大量泥沙石块的介于挟沙水流和滑坡之间的土、水、气混合流。泥石流大多伴随着山区洪水而发生。它与一般洪水的区别是洪流中含有足够数量的泥沙石等固体碎屑物，其体积含量最少为15％，最高可达80％左右，因此泥石流相比洪水，更具有强大的破坏力。

泥石流的危害非常大，冲毁城镇、企事业单位、工厂、矿山、乡村，造成人畜伤亡，破坏房屋及其他工程设施，破坏农作物、林木及耕地。此外，泥石流有时也会淤塞河道，不但阻断航运，还可能引起水灾。影响泥石流强度的因素比较多，如泥石流容量、流量、流速等，其中对泥石流成灾程度影响最大的是泥石流流量。此外，多种人为活动也在多方面促进泥石流的形成。

◎泥石流分类

按物质成分

（1）由大量黏性土和粒径不等的砂粒、石块组成的叫泥石流；

（2）以黏性土为主，含少量砂粒、石块、黏度大、呈稠泥状的叫泥流；

（3）由水和大小不等的砂粒、石块组成的称之水石流。

按流域形态

（1）标准型泥石流

典型的泥石流，面积较大，流域呈扇形，能明显的划分出形成区，流通区和堆积区。

（2）河谷型泥石流

其形成区多为河流上游的沟谷，流域呈有狭长条形，固体物质来源较分散，沟谷中有时常年有水，因此水源较丰富，流通区与堆积区往往不能明显分出。

（3）山坡型泥石流

其面积一般小于1000平方米，流域呈斗状，无明显流通区，形成区

与堆积区直接相连。

按物质状态

（1）黏性泥石流：含大量黏性土的泥石流或泥流。其特征是黏性大，固体物质占 40％～60％，最高达 80％。其中的水不是搬运介质，而是组成物质，稠度大，石块呈悬浮状态，爆发突然，持续时间亦短，破坏力大。

（2）稀性泥石流：以水为主要成分，黏性土含量少，固体物质占 10％～40％，有很大分散性。水为搬运介质，石块以滚动或跃移方式前进，具有强烈的下切作用。其堆积物在堆积区呈扇状散流，停积后似"石海"。

◎形成条件

泥石流的形成需要三个基本条件：有陡峭便于集水集物的适当地形，上游堆积有丰富的松散固体物质，短期内有突然性的大量流水来源。

（1）地形地貌条件

在地形上，地形陡峻，山高沟深，沟床纵度降大，流域形状，利于水流汇集。在地貌上，泥石流的地貌一般可分为形成区、流通区和堆积区三部分。上游形成区的地形多为三面环山，一面出口为瓢状或漏斗状，地形比较开阔、周围山高坡陡、山体破碎、植被生长不良，这样的地形有利于水和碎屑物质的集中；中游流通区的地形多为狭窄陡深的峡谷，谷床纵坡降大，使泥石流能迅猛直泻；下游堆积区的地形为开阔平坦的平原或河谷低地，使堆积物有堆积场所。

※ 泥石流

（2）松散物质来源条件

泥石流常发生于地质构造复杂、新构造活动强烈、断裂褶皱发育、地震烈度较高的地区。地表岩石破碎，错落、崩塌、滑坡等不良地质现象发育，为泥石流的形成提供了丰富的固体物质来源；另外，岩层结构软弱、松散、易于风化、节理发育或软硬相间成层的地区，易受破坏，也能为泥石流提供丰富的碎屑物来源；一些人类工程活动，如滥伐森林造成水土流失，开山采矿、采石弃渣等，往往也为泥石流提供大量的物质来源。

（3）水源条件

水既是泥石流的重要组成部分，又是泥石流的激发条件和搬运的介质（动力来源），泥石流的水源，有暴雨、水雪融水和水库溃决水体等形式，我国泥石流的水源主要是暴雨和长时间的连续降雨等。

▶ 知识窗

· 泥石流的危害 ·

（1）对居民点的危害：泥石流是最常见的危害之一，是冲进乡村、城镇，摧毁房屋、工厂、企事业单位及其他场所设施。淹没人畜、毁坏土地，甚至造成村毁人亡的灾难。

（2）对公路、铁路的危害：泥石流可直接埋没车站、铁路、公路，摧毁路基、桥梁等设施，致使交通中断，还可引起正在运行的火车、汽车颠覆，造成重大的人身伤亡事故。有时泥石流汇入河道，引起河道大幅度变迁，间接毁坏公路、铁路及其他建筑物，甚至迫使道路改线，造成巨大的经济损失。

（3）对水利、水电工程的危害：主要是冲毁水电站、引水渠道及过沟建筑物，淤埋水电站尾水渠，并淤积水库、磨蚀坝面等。

（4）对矿山的危害：主要是摧毁矿山及其设施，淤埋矿山坑道、伤害矿山人员、造成停工停产，甚至使矿山报废。

| 拓展思考 |

1. 怎样测量泥石流的流速？
2. 简述泥石流的组成因素。
3. 简述泥石流的特点。

龙卷风

Long Juan Feng

◎龙卷风概况

　　龙卷风是在极其不稳定的天气下，由两股空气强烈对流运动而产生的一种伴随着高速旋转的漏斗状云柱的强风涡旋。龙卷风外貌奇特，它上部是一块乌黑或浓灰的积雨云，下部是形如大象鼻子的漏斗状云柱，风速一般每秒 50～100 米，有时可达每秒 300 米。由于龙卷风内部空气极为稀薄，导致温度急剧降低，促使水汽迅速凝结，这也是形成漏斗云柱的主要原因。由雷暴云底伸展至地面的漏斗状云产生的强烈的旋风，其风力可达 12 级以上，最大可达每秒 100 米以上，一般伴有雷雨，有时也可能伴有冰雹。

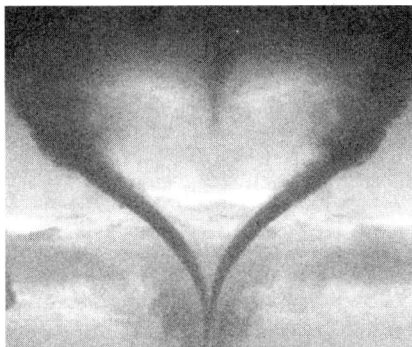

※ 龙卷风

◎龙卷风类型

　　（1）空气绕龙卷：受龙卷中心气压极度减小的吸引，空气绕龙卷的轴旋转快速，近地面几十米厚的一薄层空气内，四面八方的气流被吸入涡旋的底部，并随即变为绕轴心向上的涡流。龙卷中的风总是气旋性的，其中心的气压可以比周围气压低 10%，一般可低至 400hPa，最低可达 200hPa。龙卷风具有很大的吸吮作用，可把海（湖）水吸离海（湖）面，形成水柱，然后同云相接，人们俗称"龙取水"。

　　（2）多漩涡龙卷风：多漩涡龙卷风指带有两股以上围绕同一个中心旋转的漩涡的龙卷风。多漩涡结构经常出现在剧烈的龙卷风上，并且这些小漩涡在主龙卷风经过的地区往往会造成更大的破坏。

　　（3）水龙卷：水龙卷是水上的龙卷风，通常是在水上的非超级单体龙卷风。世界各地的海洋和湖泊等都可能出现水龙卷。在美国，水龙卷通常发生在美国东南部海岸，尤其在佛罗里达南部和墨西哥湾。水龙卷虽在定义上是龙卷风的一种，不过其破坏性比最强大的大草原龙卷风小，但是它们仍然是非常危险的。水龙卷能吹翻小船，毁坏船只，当吹袭陆地时会有更大的破坏，并夺去生命。当水龙卷很可能产生或在海岸水域上已经看得见的时候，美国国家气象局将会经常发出特殊的海上警告，或者当水龙卷会向陆地移动时发出龙卷风警告。

（4）陆龙卷：陆龙卷是一种纵向的气旋，风力较强而作用范围不大的龙卷风。陆龙卷和水龙卷有一些相同的特点，它们强度相对较弱、持续时间较短、冷凝形成的漏斗云较小，且经常不接触地面等。虽然强度相对较弱，但陆龙卷依然会带来强风和严重破坏。

（5）火龙卷：火龙卷是一种非常罕见的龙卷风形态，它是陆龙卷与火焰的结合。2010 年，位于南半球的巴西遭遇罕见的干旱少雨天气，全国多地燃起了山火。8 月 24 日，巴西圣保罗市一处火点刮起了龙卷风，形成了罕见的火焰龙卷风景观。龙卷风夹起火焰高达数米，就如一条巨大的火龙旋转前进。这条"火龙风"于 24 日被拍摄到。"火龙"在燃烧的田野上飞舞高约数米高，阻断了一条公路。为了熄灭这条"火龙"，当地甚至出动了直升机。

◎龙卷风的分级

龙卷风按破坏程度不同，分为 0～6 增强藤田级数，简单来说就称为 EF 级，由 1971 年芝加哥大学的藤田博士所提出。

EF0 级：每小时 100～140 千米，可以把树枝、烟囱和路标吹跑，把较轻的碎片刮起来，击碎玻璃，这种级数的龙卷风破坏程度比较轻，我们称它为温柔龙卷风。

EF1 级：每小时 141～190 千米，可以把屋顶卷走，吹翻活动板房，把汽车刮出路面，这种级数的龙卷风破坏程度中等，我们称它为中等龙卷风。

EF2 级：每小时 191～260 千米，可以把沉重的甘草包吹出去几百米远，把汽车吹翻，把大树连根拔起，

※ 龙卷风

把屋顶和墙壁一起吹跑，这种级数的龙卷风破坏程度比较大，我们称它为较大龙卷风。

EF3 级：每小时 261～320 千米，可以把房顶、墙壁和家具一起卷走，汽车全部脱离地面，让货车、列车、火车全部脱轨并卷走，树木都被连根拔起，这种级数的龙卷风破坏程度相当严重，我们称它为严重龙卷风。

EF4 级：每小时 321～430 千米，能够卷走汽车，把一间牢固的房子夷为平地，这种级数的龙卷风破坏程度非常严重，我们称之为破坏性龙卷风。

EF5 级：每小时 431～520 千米，连大型建筑物也能刮起，汽车被刮飞，树木被刮飞，所有家具都变成了致命导弹，这种级数的龙卷风破坏程度是毁灭性的，我们称之为毁灭性龙卷风。

EF6 级；每小时 521～600 千米，列车、货车和火车被刮飞，汽车喷射出几千米，路面上的沥青被刮走，这种级数的龙卷风破坏程度是末日性的，我们称之为末日性龙卷风。

▶ 知识窗

自 1890 年以来，前后共有 120 多场龙卷风袭击了俄克拉荷马城及周边地区。1999 年 5 月 3 日的一场龙卷风席卷俄克拉荷马城周围地区，1 700 座家园夷为平地，6 500 处建筑遭到重大破坏。俄克拉荷马城东北同一沿道上的大部分地区也常受到龙卷风袭击。在人口 59.00 万的塔尔萨小城，1950 年至 2006 年间共遭遇了 69 场龙卷风。此外，塔尔萨建立在阿肯色河边，这里是由一系列小溪冲积而成的平原，在大雨的恶劣天气还很容易遭到洪水袭击。1974 年、1976 年和 1984 年三次大规模洪水灾害造成了数十万美元的损失。

| 拓展思考 |

1. 简述龙卷风的危害。
2. 怎样防范龙卷风。
3. 怎样探测龙卷风的风速？

酸雨

Suan Yu

酸雨正式的名称是为酸性沉降。酸雨可分为"湿沉降"与"干沉降"两大类，前者指的是所有气状污染物或粒状污染物，随着雨、雪、雾或雹等降水形态而落到地面，后者则是指在不下雨的日子，从空中降下来的落尘所带的酸性物质。

◎酸雨概况

酸雨指的是 PH 值小于 5.6 的雨雪或其他形式的降水，雨水被大气中存在的酸性气体污染。酸雨多是人为的向大气中排放大量酸性物质造成的。我国的酸雨主要是因大量燃烧含硫量高的煤而形成的，多为硫酸雨，少为硝酸雨，此外，各种机动车排放的尾气也是形成酸雨的主要原因。近年来，我国一些地区已经成为酸雨多发区，酸雨污染的范围和程度已经引起人们的密切关注。

◎酸雨形成

酸雨是工业高度发展而出现的副产物，因为人类大量使用煤、石油、天然气等化石燃料，燃烧后产生的硫氧化物或氮氧化物，在大气中经过复

※ 酸雨

杂的化学反应，然后形成硫酸或硝酸气溶胶，或被云、雨、雪、雾捕捉吸收，降到地面成为酸雨。如果形成酸性物质时没有云雨，则酸性物质会以重力沉降等形式逐渐降落在地面上，这叫做干性沉降，以区别于酸雨、酸雪等湿性沉降。干性沉降物在地面遇水时复合成酸。酸云和酸雾中的酸性由于没有得到直径大得多的雨滴的稀释，因此它们的酸性要比酸雨强很多。高山区由于经常有云雾缭绕，因此酸雨区高山上森林受害最重，常出现成片死亡。硫酸和硝酸是酸雨的主要成分，约占总酸量的90％以上，我国酸雨中硫酸和硝酸的比例约为10：1。

天然排放源

1. 海洋：海洋雾沫，它们会夹带一些硫酸到空中。

2. 生物：土壤中某些机体，如动物死尸和植物败叶在细菌作用下可分解成某些硫化物，继而转化为二氧化硫。

3. 火山爆发：火山爆发会喷出大量的二氧化硫气体。

4. 森林火灾：雷电和干热引起的森林火灾也是一种天然硫氧化物排放源，因为树木也含有微量硫。

5. 闪电：高空雨云闪电，有很强的能量，能使空气中的氮气和氧气部分化合，生成一氧化氮，继而在对流层中被氧化为二氧化氮。

6. 细菌分解：即使是未施过肥的土壤也含有微量的硝酸盐，土壤硝酸盐在土壤细菌的帮助下可分解出一氧化氮，二氧化氮和氮气等气体。

※ 酸雨危害

人工排放源

煤、石油和天然气等化石燃料的燃烧，无论是煤，石油或是天然气都是在地下埋藏了很多亿年，由古代的动植物化石转化而来，故称做化石燃料。科学家粗略估计，1990年我国化石燃料约消耗近700百万吨，仅占世界消耗总量的12％，人均相比并不惊人。但是我国近几十年来，化石燃料消耗的快速增加，仅1950年至1990年的40年间，就增加了30倍。不得不引起足够重视。煤中含有硫，燃烧过程中生成大量二氧化硫，此外煤燃烧过程中的高温使空气中的氮气和氧气化合为一氧化氮，继而转化为二氧化氮，造成酸雨。

工业排放源

工业过程，如金属冶炼。某些有色金属的矿石是硫化物。铜、铅、锌便是如此，将铜、铅、锌硫化物矿石还原为金属过程中将逸出大量二氧化硫气体，部分回收为硫酸，部分进入大气。再如化工生产，特别是硫酸生产和硝酸生产可分别产生大量的二氧化硫和二氧化氮，由于二氧化氮带有淡棕的黄色，因此，工厂尾气所排出的带有二氧化氮的废气像一条"黄龙"，在空中飘荡，控制和消除"黄龙"被称做"灭黄龙工程"。再如石油炼制等，也能产生一定量的二氧化硫和二氧化氮。它们集中在某些工业城市中，比较容易得到控制。

▶ 知 识 窗

·我国三大酸雨区·

我国酸雨主要是硫酸型，我国三大酸雨区分别为：

华中酸雨区：目前已成为全国酸雨污染范围最大，中心强度最高的酸雨污染区。

西南酸雨区：是仅次于华中酸雨区的降水污染严重的区域。

华东沿海酸雨区：其污染强度低于华中、西南酸雨区。

拓展思考

1. 简述酸雨的成分。
2. 简述酸雨的危害。
3. 简述酸雨的形成原因。

青少年应该知道的地球百科知识

116

旱灾，洪灾，雪灾

Han Zai, Hong Zai, Xue Zai

◎旱灾

旱灾是指因气候严酷或者不正常的干旱而引起的气象灾害。一般指因土壤水分不足，农作物水分平衡遭到破坏而减产或歉收从而带来粮食问题，甚至引发饥荒。同时，旱灾亦可令人类及动物因缺乏足够的饮用水最后致死。此外，旱灾后还容易发生蝗灾，进而引发更严重的饥荒，导致社会动荡。

旱灾的形成主要取决于气候。通常将年降水量少于 250 毫米的地区称为干旱地区，年降水量为 250～500 毫米的地区称为半干旱地区。世界上干旱地区约占全球陆地面积的 25%，大部分集中在非洲撒哈拉沙漠边缘，中东和西亚，北美西部，澳洲的大部和中国的西北部。这些地区常年降雨量稀少而且蒸发量大，农业主要依靠山区融雪或者上游地区来水，如果融雪量或来水量减少，就会造成干旱。世界上半干旱地区约占全球陆地面积的 30%，包括非洲北部一些地区，欧洲南部，西南亚；北美中部以及中国北方等。这些地区降雨比较少，而且分布不均匀，因而极易造成季节性干旱，或者常年干旱甚至连续干旱。

※ 旱灾

旱情和旱灾的表现。旱灾是普遍性的自然灾害，土壤水分不足，不能满足牧草等农作物生长的需要，造成较大的减产或绝产的灾害。旱灾不仅使农业受灾，严重的还影响到工业生产、城市供水和生态环境。中国通常将农作物生长期内因缺水而影响正常生长称为受旱，受旱减产三成以上称为成灾。经常发生旱灾的地区称为易旱地区。

中国大部分地区属于亚洲季风气候区，降水量受海陆分布、地形等因素影响，在区域间、季节间和多年间分布非常不均衡，因此旱灾发生的时期和程度有明显的地区分布特点。秦岭淮河以北地区春旱突出，有"十年九春旱"之说。黄淮海地区经常出现春夏连旱，甚至春夏秋连旱，是全国受旱面积最大的区域。长江中下游地区主要是伏旱和伏秋连旱，有的年份虽在梅雨季节，但是还会因梅雨期缩短或少雨而形成干旱。西北大部分地区、东北地区西部常年受旱。西南地区春夏旱对农业生产影响较大，四川东部则经常出现伏秋旱，华南地区旱灾也时有发生。

◎洪灾

洪灾是由于江、河、湖、库水位猛涨，堤坝漫溢或溃决，使大量水流入境而造成的灾害。我国幅员辽阔，大约 3/4 的国土面积存在着不同类型和不同程度的洪水灾害。我国的防洪重点是东部平原地区，如辽河中下游、长江中游（江汉平原、洞庭湖区、鄱阳湖区以及沿江一带）、海河北部平原、珠江三角洲等，它们在地理上都有一个共同特点，即位于湖泊周围低洼地和江河两岸及入海口地区。另外，东南沿海一些山区和滨海平原的接合部，也属于洪水危险程度较大的区域。它们大多都在受洪灾影响最大的是洪泛区。我国有洪泛区近 100 万平方千米，全国 60％以上的工农业产值，40％的人口，35％的耕地，600 多座城市，主要铁路、公路、油田以及许多工矿企业都受到洪水灾害的威胁。

洪水灾害是我国发生频率比较高、危害范围广、对国民经济影响最为严重的一类自然灾害。据有关部门统计，20 世纪 90 年代，我国洪灾造成的直接经济损失约为 12 000 亿元人民币，仅 1998 年就高达 2 600 亿元人民币。水灾损失占国民生产总值（GNP）的比例在 1％～4％之间，为美国、日本等发

※ 洪灾

达国家的 10～20 倍。在美国，虽然全国只有 7％的土地面积（约 3 885 万公顷）处于洪泛区，但是有 700 多万个建筑物、价值数十亿美元的社区设施和私人财产受到洪水的威胁。1955 年美国有 1 000 万人居住在洪泛区，30 年后翻了一番，达到了 2 000 万人。到 20 世纪 90 年代中期，美国约有 12％的人口居住在洪水经常泛滥的地区。

◎雪灾

雪灾也称白灾，是因为长时间大量降雪造成大范围积雪成灾的自然现象。它是中国牧区常发生的一种畜牧气象灾害，主要是指依靠天然草场放牧的畜牧业地区。中国牧区的雪灾主要发生在内蒙古草原、西北和青藏高原的部分地区。主要是由于冬半年降雪量过多和积雪过厚，雪层维持时间长，影响畜牧正常放牧活动的一种灾害。对畜牧业的危害，主要是积雪掩盖草场，而且超过了一定深度，有的积雪虽不深，但密度比较大，或者雪面覆冰形成冰壳，牲畜难以扒开雪层吃草，因而造成饥饿，有时冰壳还易划破羊和马的蹄腕，造成冻伤，致使牲畜瘦弱，常常造成牧畜流产，仔畜成活率低，老弱幼畜饥寒交迫，死亡随之增多。同时还严重影响甚至破坏交通、通讯、输电线路等生命线工程，对牧民的生命安全和生活造成严重威胁。雪灾主要发生在稳定积雪地区和不稳定积雪山区，偶尔出现在瞬时积雪地区。

根据我国雪灾的形成条件、分布范围和表现形式，将雪灾分为三种类型：雪崩、风吹雪灾害（风雪流）和牧区雪灾。

雪灾是由积雪引起的灾害。根据积雪稳定程度，将我国积雪分为五类：

（1）永久积雪：在雪平衡线以上，降雪积累量大于当年消融量，积雪终年不化。

（2）稳定积雪：空间分布和积雪时间（60 天以上）都比较连续的季节性积雪。

（3）不稳定积雪：虽然每年都有降雪，而且气温较低，但是在空间上积雪不连续，多呈斑状分布，在时间上积雪日数 10～60 天，而且时断时续。

（4）瞬间积雪：主要发生在华

※ 雪灾

南、西南地区，这些地区平均气温较高，但在季风特别强盛的年份，因寒潮或强冷空气侵袭，发生大范围降雪，但是很快消融，使地表出现短时间（一般不超过 10 天）积雪。

（5）无积雪：除个别海拔高的山岭外，多年无降雪。雪灾主要发生在稳定积雪地区和不稳定积雪山区，偶尔出现在瞬时积雪地区。

积雪对牧草的越冬保温可起到积极的防御作用，旱季融雪可增加土壤水分，促进牧草返青生长。积雪又是缺水或无水冬春草场的主要水源，解决人畜的饮水问题。但是雪量过大，积雪过深，持续时间过长，则造成牲畜吃草困难，甚至无法放牧，进而形成雪灾。

雪灾根据降雪量也可以分为以下三类：

（1）轻雪灾：冬春降雪量相当于常年同期降雪量的 120％以上

（2）中雪灾：冬春降雪量相当于常年同期降雪量的 140％以上

（3）重雪灾：冬春降雪量相当于常年同期降雪量的 160％以上。

知识窗

中国旱灾频繁，旱灾记载见于历代史书、地方志、宫廷档案、碑文、刻记以及其他文物史料中。公元前 206 年～1949 年，中国曾发生旱灾 1 056 次。16 世纪至 19 世纪，受旱范围在 200 个县以上的大旱，发生于 1640 年、1671 年、1679 年、1721 年、1785 年、1835 年、1856 年及 1877 年。1640 年（明崇祯十三年）在不同地区先后持续受旱 4～6 年，旱区"树皮食尽，人相食"；1785 年（清乾隆五十年）有 13 个省受旱，据记载，"草根树皮，搜食殆尽，流民载道，饿殍盈野，死者枕藉"；1835 年（清道光十五年）15 个省受旱，有"啮草嚼土，饿殍载道，民食观音粉，死徒甚多"的记述。20 世纪以来，1920 年陕、豫、冀、鲁、晋 5 省大旱，灾民 2 000 万人，死亡 50 万人；1928 年华北、西北、西南等 13 个省 535 个县遭旱灾；1942～1943 年大旱，仅河南一省饿死、病死者即达数百万人。

拓展思考

1. 简述旱灾组成因素及其影响。

2. 简述洪灾组成因素及其影响。

3. 简述雪灾组成因素及其影响。

沙尘暴

Sha Chen Bao

◎沙尘暴概况

沙尘暴是沙暴和尘暴两者兼有的总称，是指强风把地面大量沙尘物质吹起并卷入空中，使空气特别混浊，水平能见度小于 1 000 米的严重风沙天气现象。其中沙暴指大风把大量沙粒吹入近地层所形成的挟沙风暴；尘暴则是大风把大量尘埃及其他细粒物质卷入高空所形成风暴。

◎沙尘类型

沙尘天气分为浮尘、扬沙、沙尘暴和强沙尘暴四类。

浮尘：浮尘是指尘土、细沙均匀地浮游在空中，使水平能见度小于10 千米的天气现象；

※ 沙尘暴

扬沙：扬沙是指风将地面尘沙吹起，使空气相当混浊，水平能见度在1~10 千米以内的天气现象；

沙尘暴：强风将地面大量尘沙吹起，使空气很混浊，水平能见度小于1 千米的天气现象；

强沙尘暴：大风将地面尘沙吹起，使空气模糊不清，浑浊不堪，水平能见度小于 500 米的天气现象。

◎沙尘过程

沙尘天气过程分为四类：浮尘天气过程、扬沙天气过程、沙尘暴天气过程和强沙尘暴天气过程。

浮尘天气过程是指在同一次天气过程中，中国天气预报区域内 5 个或 5 个以上国家基本（准）站在同一观测时次出现了浮尘天气；

扬沙天气过程是指在同一次天气过程中，中国天气预报区域内 5 个或 5 个以上国家基本（准）站在同一观测时次出现了扬沙天气；

沙尘暴天气过程是指在同一次天气过程中，中国天气预报区域内 3 个或 3 个以上国家基本（准）站在同一观测时次出现了沙尘暴天气；

强沙尘暴天气过程是指在同一次天气过程中，中国天气预报区域内 3 个或 3 个以上国家基本（准）站在同一观测时次出现了强沙尘暴

※ 沙尘暴

122

天气。

沙尘暴天气多发生在内陆沙漠地区，主要是撒哈拉沙漠。北美中西部和澳大利亚也是沙尘暴天气的源地之一，1933～1937 年由于严重干旱，在北美中西部就曾出现过著名的碗状沙尘暴。

亚洲沙尘暴活动中心主要在约旦沙漠、巴格达与海湾北部沿岸之间的下美索不达米亚、阿巴斯附近的伊朗南部海滨，稗路支到阿富汗北部的平原地带。苏联的中亚地区哈萨克斯坦、乌兹别克斯坦及土库曼斯坦都是沙尘暴频繁影响的地区，但其中心在里海与咸海之间沙质平原及阿姆河一带。

◎沙尘的外观

风沙墙耸立

大陆强沙尘暴多从西北方向或西方推移过来，也有少数从东方推移过来。几乎所有的沙尘暴来临时，我们都可以看到风刮来的方向上有黑色的风沙墙快速地移动着，越来越近。远看风沙墙高耸如山，极像一道城墙，是沙尘暴到来的前锋。

漫天昏黑

强沙尘暴发生时由于刮起 8 级以上大风，风力非常大，能将石头和沙土卷起。随着飞到空中的沙尘越来越多，浓密的沙尘铺天盖地，遮住了阳光，就像在夜晚一样，使人在一段时间内看不见任何东西。

翻滚冲腾

刮黑风时，靠近地面的空气非常不稳定，下面受热的空气向上升，周围的空气流过来补充，以至于空气携带大量沙尘上下翻滚不息，形成无数大小不一的沙尘团在空中交汇冲腾。

流光溢彩

风沙墙的上层常显黄至红色，中层呈灰黑色，下层为黑色。上层发黄发红是由于上层的沙尘稀薄，颗粒细，阳光几乎能穿过沙尘射下来的原因。而下层沙尘浓度大，颗粒粗，阳光几乎全被沙尘吸收或散射，所以发黑。风沙墙移过之地，天色时亮时暗，不断变化。这是由于光线穿过厚薄不一、浓稀也不一致的沙尘带时造成的。

◎沙尘等级

沙尘暴强度划分为 4 个等级：

（1）4 级≤风速≤6 级，500 米≤能见度≤1 000 米，称为弱沙尘暴；

（2）6 级≤风速≤8 级，200 米≤能见度≤500 米，称为中等强度沙尘暴；

（3）风速≥9 级，50 米≤能见度≤200 米，称为强沙尘暴；

（4）当其达到最大强度（瞬时最大风速≥25 米/秒，能见度≤50 米，甚至降低到 0 米）时，称为特强沙尘暴（或黑风暴，俗称"黑风"）。

▶知识窗

·沙尘暴的危害·

生态环境恶化。出现沙尘暴天气时狂风裹的沙石、浮尘到处弥漫，凡是经过地区空气浑浊，呛鼻迷眼，呼吸道等疾病人数增加。如 1993 年 5 月 5 日发生在金昌市的强沙尘暴天气，监测到的室外空气含尘量为 1016 毫米/立方厘米，室内为 80 毫米/立方厘米，超过国家规定的生活区内空气含尘量标准的 40 倍。

生产生活受影响。沙尘暴天气携带的大量沙尘蔽日遮光，天气阴沉，造成太阳辐射减少，几小时到十几个小时恶劣的能见度，容易使人心情沉闷，工作学习效率降低。轻者可使大量牲畜患染呼吸道及肠胃疾病，严重时将导致大量"春乏"牲畜死亡、刮走农田沃土、种子和幼苗。沙尘暴还会使地表层土壤风蚀、沙漠化加剧，覆盖在植物叶片上厚厚的沙尘，影响正常的光合作用，造成作物减产。沙尘暴还使气温急剧下降，天空如同撑起了一把遮阳伞，地面处于阴影之下变得昏暗、阴冷。

▌拓展思考▐

1. 简述沙尘暴的成因。
2. 当遭遇沙尘暴时如何应对？
3. 沙尘暴对人的身体健康有什么影响？

青少年应该知道的地球百科知识

地

球 人 文

DIQURENWEN

第五章

　　地壳的运动形成了许许多多的自然景观。如极地、高山、大荒漠、大沼泽、热带雨林，半岛群岛以及海湾海峡等。有些自然奇观实在让我们叹为观止。漫长的时间，也遗留了宝贵的矿物和矿石。

半岛与群岛

Ban Dao Yu Qun Dao

◎半岛

半岛是指陆地一半同大陆相连，一半伸入海洋或湖泊的地貌状态，其余三面被水包围。从分布特点看，世界主要的半岛都在大陆的边缘地带。欧洲海岸曲折，有众多的半岛，素有"半岛的大陆"之称。面积超过10万平方千米的半岛有5个：北欧的斯堪的纳维亚半岛（世界第五大半岛），面积75万平方千米；西南欧的伊比利来半岛，面积58.4万平方千米；东南欧的巴尔干半岛，面积50万平方千米；南欧的亚平宁半岛，面积14万平方千米；南北欧的科拉半岛，面积10万平方千米。

世界上最大的半岛是亚洲西南部的阿拉伯半岛，面积达300多万平方千米。半岛上大部分地区属于热带沙漠，气候炎热干燥，7月份平均气温在30℃以上，内陆的绝对最高气温达55℃；年降水量大部分年份不足200毫米，有的地方甚至几年不下雨。亚洲地区面积超过100万平方千米

※ 阿拉伯半岛

的半岛还有南亚的印度半岛，面积 208.8 万平方千米，还有东南亚的中南半岛，面积约 200 多万平方千米，分别是世界第二大半岛和第三大半岛。除了半岛之外，还有朝鲜半岛，勘查加半岛，楚科奇半岛。

世界第四大半岛是位于北美洲东部的拉布拉多半岛，面积约为为 140 万平方千米。岛上大部分是海拔比较低的高原，湖泊较多，沿海海湾较多。北美洲的其他半岛均不大，面积都在 20 万平方千米以下。比如佛罗里达半岛，加利福尼亚半岛，尤卡坦半岛以及阿拉斯加半岛。

非洲最大的半岛是东北非索马里半岛，面积约为 75 万平方千米。它呈三角形向东北突出，被称为"非洲之角"。南极洲也有一个大半岛，位于南极大陆德尔海与别林斯高晋海之间，被称为南极半岛，面积约为 18 万平方千米，是一个多山的半岛。南美洲和大洋洲虽然也有半岛，但面积都比较小，比如南美洲瓜希拉半岛，大洋洲约克角半岛。

◎群岛

群岛就是群集的岛屿类型，一般指集合的岛屿群体，是彼此距离很近的许多岛屿的合称。最早指多岛海（分布着很多岛屿的海），如爱琴海中的岛屿。后来又包括了太平洋图阿莫图低群岛、巴拿马湾中的珍珠岛等。

群岛根据成因，可分为火山作用形成的火山群岛，构造升降引起的构造群岛，生物骨骼形成的生物礁群岛，外动力条件下形成的堡垒群岛。群岛也有大小之分，在许多在群岛中往往也包含着许多小群岛，如马来群岛就包括菲律宾群岛、大巽他群岛、小巽他群岛、西南群岛、东南群岛、马鲁古群岛等。若岛屿的排列成线形或弧形，习惯上又称为"列岛"，如我国的长山列岛、澎湖列岛等。

世界上主要的群岛有 50 多个，分布在四个大洋中。太平洋海域中群岛最多，有 19 个；大西洋有 17 个，印度洋有 9 个，而北冰洋海域中有 5 个。

世界最大的群岛是位于西太平洋海域的马来群岛，整个群岛有大小岛屿 2 万多个，分属印度尼西亚、马来西亚（13 000 多个）、菲律宾（约 7 000 个）、文莱、东帝汶等国。岛上山岭比较多，地形崎岖；地壳不稳定，常有地震火山爆发。海峡较多，是

※ 马来群岛

东南亚到世界各地的重要通道。其中主要的岛屿有印度尼西亚的大巽他群岛、小巽他群岛、摩鹿加、伊里安，菲律宾的吕宋、棉兰老、米鄢群岛。该群岛还包括东马来西亚、文莱、巴布亚新几内亚等。群岛位于太平洋和印度洋之间，沿赤道延伸 4 500 千米，南北最大宽度 3 500 千米，总面积约为 240.7 万平方千米。北与台湾之间有巴士海峡，南与澳大利亚之间有托雷斯海峡。

世界最小的群岛是位于南太平洋萨摩亚群岛北部的托克劳群岛。他由 3 个珊瑚环礁组成，面积仅有 10 平方千米，可以称得上是"袖珍群岛"了。

南海诸岛是南海中，中国许多岛屿、沙洲礁、暗沙和浅滩的总称。它们分布的范围很广。东西分布约 900 多千米，南北绵延 1800 千米。共有岛、礁、沙、滩 200 多个。诸岛北起海岸附近的北卫滩，南至曾母暗沙，西起万安滩，东止黄岩岛，自北至南，大致可以分为东沙、西沙、中沙和南沙四大群岛。

▶ 知 识 窗

中国较大的半岛有 3 个，位于山东省东部、胶莱谷地以东，伸入渤海与黄海之间的山东半岛，面积为 66 000 平方千米；位于辽宁省东南部、辽河与鸭绿江口连线以南，伸入渤海与黄海之间的辽东半岛，面积为 29 400 平方千米；位于广东省西南部，伸入北部湾和雷州湾之间的雷州半岛，面积为 75 平方千米。他们在世界上均属于比较小的半岛。

我国的主要群岛有长山群岛（又称长山列岛）、舟山群岛、庙岛群岛、澎湖列岛，以及南海海域中的东沙、西沙、中沙、南沙四大群岛。其中舟山群岛面积最大，由大小 1 390 个岛屿组成。舟山群岛附近，是我国最大的渔场。

拓展思考

1. 简述中南半岛的气候类型及其特点。
2. 简述马来群岛的气候类型及其特点。

湖泊与瀑布

Hu Bo Yu Pu Bu

◎湖泊

湖泊是指陆地表面洼地积水形成的比较宽广的水域，按成因可分为构造湖、火山湖、冰川湖、堰塞湖、潟湖、人工湖等。按湖水盐度高低可分为咸水湖和淡水湖。

湖泊分布

世界湖泊分布非常广泛，中国湖泊众多，面积大于 1 平方千米的约有 2 300 个，总面积达 71 000 多平方千米（20 世纪 80 年代数据数据）。另一说为 2 848 个，面积为 83 400 平方千米（20 世纪 50 年代数据）。青海湖面积约为 4 000 多平方千米，是中国最大的湖泊；西藏的纳木错，湖面高程为 4 718 米，在全球湖面积为 1 000 平方千米以上的湖泊中，是海拔最高的湖泊。位于长白山上的天池（中国朝鲜界湖），水深达 373 米，是中国最深的湖泊。柴达木盆地的察尔彝盐湖，以丰富的湖泊盐藏量著称于世。

湖泊演变

湖泊一旦形成，就受到外部自然因素和内部各种因素的持续作用而不断演变。入湖河流携带的大量泥沙和生物残骸年复一年在湖内沉积，湖盆逐渐淤浅，变成陆地，或随着沿岸带水生植物的发展，逐渐变成沼泽。当气候干燥的时候，内陆湖由于气

※ 天池

候的变异，冰雪融水减少，地下水水位下降，补给水量不能够补偿蒸发损耗，然后引起湖面退缩干涸，或盐类物质在湖盆内积聚浓缩，湖水日益盐化，最终变成干盐湖。某些湖泊因出口下切，湖水流出而干涸。此外，由于地壳升降运动，气候变迁和形成湖泊的其他因素的变化，湖泊会经历缩小和扩大的反复过程，不论湖泊的自然演变通过哪种方式，结果终将消亡。

湖泊种类

构造湖：是在地壳内力作用下形成的构造盆地上经储水而形成的湖泊。其特点是湖形狭长、水深而清澈，如云南高原上的滇池、洱海和抚仙湖以及青海湖、新疆喀纳斯湖等。构造湖一般具有十分鲜明的形态特征，即湖岸陡峭且沿构造线发育，湖水一般都很深。同时，还经常出现一串依构造线排列的构造湖群。

火山口湖：是由火山喷火口休眠以后积水而成，其形状是圆形或椭圆形，湖岸陡峭，湖水深不可测，如白头山天池深达373米，为我国第一深水湖泊。

堰塞湖：由火山喷出的岩浆、地震引起的山崩和冰川与泥石流引起的滑坡体等壅塞河床，截断水流出口，其上部河段积水成湖，如五大连池、镜泊湖等。

岩溶湖：是由碳酸盐类地层经流水的长期溶蚀而形成岩溶洼地、岩溶漏斗或落水洞等被堵塞，经汇水而形成的湖泊，如贵州省威宁县的草海。威宁城郊建有观海楼，登楼眺望，只见湖中碧波万顷，秀色迷人；湖心岛上翠阁玲珑，花木扶疏，有"水上公园"之称。

冰川湖：是由冰川挖蚀而形成的坑洼和冰碛物堵塞冰川槽谷积水而成的湖泊。如新疆阜康天池，又称瑶池。相传瑶池是王母娘娘沐浴的地方。还有北美五大湖、芬兰、瑞典的许多湖泊等。

风成湖：沙漠中低于潜水面的丘间洼地，经其四周沙丘渗流汇集而成的湖泊，如敦煌附近的月牙湖，四周被沙山环绕，水面酷似一弯新月，湖水非常清澈，如翡翠一般。

河成湖：由于河流摆动和改道而形成的湖泊，又可分为三类：一是由于河流摆动，其天然堤堵塞支流而潴水成湖。如鄱阳湖、洞庭湖、江汉湖群（云梦泽一带）、太湖等。二是由于河流本身被外来泥沙堵塞，水流宣泄不畅成湖。如苏鲁边境的南四湖等。三是河流截湾取直后废弃的河段形成牛轭湖。

海成湖：由于泥沙沉积使得部分海湾与海洋分割而成，如里海、杭州

西湖、宁波的东钱湖。大约在数千年以前，西湖还是一片浅海海湾，后来由于海潮和钱塘江挟带的泥沙不断在湾口附近沉积，使湾内海水与海洋完全分离，海水经逐渐淡化才形成今日的西湖。

潟湖：是由于海湾被沙洲封闭而形成的湖泊，所以一般都在海边。这些湖本来都是海湾，后来在海湾的出海口处由于泥沙沉积，使出海口形成了沙洲，继而将海湾与海洋分隔，渐渐成为湖泊。

◎瀑布

瀑布在地质学上也叫跌水，即河水在流经断层、凹陷等地区时垂直地跌落。在河流的时段内，瀑布是一种暂时性的特征，最终会消失。侵蚀作用的速度取决于特定瀑布的高度、流量、有关岩石的类型与构造，以及其他一些因素。

依据瀑布的外观和地形的构造，瀑布有多种分类。

（1）据瀑布水流的高宽比例划分：垂帘型瀑布，细长型瀑布

（2）据瀑布岩壁的倾斜角度划分：悬空型瀑布，垂直型瀑布，倾斜型瀑布

（3）据瀑布有无跌水潭划分：有瀑潭型瀑布，无瀑潭型瀑布

（4）据瀑布的水流与地层倾斜方向划分：逆斜型瀑布，水平型瀑布，顺斜型瀑布，无理型瀑布。

（5）据瀑布所在地形划分：名山瀑布，岩溶瀑布，火山瀑布，高原瀑布。

瀑布是地球上很壮美的自然景观。世界上最著名的三大瀑布分别是：尼亚加拉瀑布、维多利亚瀑布和伊瓜苏瀑布。

尼亚加拉瀑布

尼亚加拉瀑布位于加拿大与美国的交界处的尼亚加拉河上，河中的高特岛把瀑布分隔成两部分，较大的部分是霍斯舒瀑布，靠近加拿大一侧，高 56 米，长约 670 米；较小的部分是亚美利加瀑布，接邻美国一侧，高 58 米，宽 320 米。尼亚加拉瀑布与由它冲出来的尼亚加拉峡谷的形

※ 尼亚加拉瀑布

成有着特殊的地质条件，其中页岩不断被水流冲刷，使得瀑布在 1842～
1905 年间平均每年向上游方向移动 170 厘米。美加两国政府为保护瀑布，
曾耗巨资修建了一些控制工程，才使瀑布对岩石的侵蚀减小。

维多利亚瀑布

维多利亚瀑布位于非洲赞比西河的中游，赞比亚与津巴布韦接壤处。
瀑布宽 1 700 余米，最高处 108 米，宽度和高度比尼亚加拉瀑布大一倍。
年平均流量约 934 立方米/秒。赞比西河抵瀑布之前，舒缓地流动，而瀑
布落下时声如雷鸣，当地居民称之为"莫西奥图尼亚"（意即"霹雳之
雾"）。维多利亚瀑布的水泻入一个峡谷，峡谷宽度从 25～75 米不等。

伊瓜苏瀑布

伊瓜苏瀑布位于阿根廷和巴西边界上的伊瓜苏河，这是一个马蹄形瀑
布，高 82 米，宽 4 千米，是尼亚加拉瀑布宽度的 4 倍，比维多利亚瀑布
还要宽很多。悬崖边缘有许多树木丛生的岩石岛屿，使伊瓜苏河由此跌落
时分作约 275 股急流或泻瀑，高度 60～82 米不等。11 月至 3 月的雨季中，
年平均约为 1 756 立方米/秒，瀑布最大流量可达 12 750 立方米/秒。

> **知识窗**
>
> 　　湖泊是重要的国土资源，具有调节河川径流、发展灌溉、提供工业和饮用的
> 水源、繁衍水生生物、沟通航运，改善区域生态环境以及开发矿产等多种功能，
> 在国民经济的发展中发挥着重要作用的同时，湖泊及其流域是人类赖以生存的重
> 要场所湖本身对全球变化响应敏感，在人与自然这个复杂的系统中，湖泊是地
> 球表层系统各圈层相互作用的联结点，是陆地水圈的重要组成部分，与生物圈、
> 大气圈、岩石圈等关系密切，具有调节区域气候、记录区域环境变化、维持区域
> 生态系统平衡和繁衍生物多样性的特殊功能。
>
> 　　中国最美最壮观十大瀑布：
> 　　贵州黄果树瀑布，贵州赤水瀑布，四川九寨沟熊猫海瀑布，四川阿坝牟尼扎
> 嘎瀑布，山东泰山黑龙潭瀑布，云南罗平九龙瀑布，群山西黄河壶口瀑布，广西
> 德天瀑布，湖南衡山麻姑仙境瀑布，河南尧山景区九曲瀑布。

> **拓展思考**
>
> 1. 简述湖泊的形成因素。
> 2. 简述瀑布的形成因素。

青少年应该知道的地球百科知识

高原与盆地

Gao Yuan Yu Pen Di

◎高原

高原的海拔高度一般在 1 000 米以上，面积广大，地形开阔，周边以明显的陡坡为界。高原与平原的主要区别是海拔较高，它以完整的大面积隆起区别于山地。

高原素有"大地的舞台"之称，它是在长期连续的大面积的地壳抬升运动中形成的。有的高原表面宽广平坦，地势起伏不大；有的高原则山峦起伏，地势变化很大。世界最高的高原是中国的青藏高原，面积最大的高原为南极冰雪高原。高原分布甚广，连同所包围的盆地一起，大约共占地球陆地面积的 45％。

※ 青藏高原

青少年应该知道的地球百科知识

高原特点

高原海拔高，气压低，氧气含量非常稀少，利用这一低压缺氧环境，可提高人体的体力耐力素质，故其成为体育界耐力训练的"宝地"。另外高原地区接受太阳辐射多，日照时间长，太阳能资源极其丰富。高原区水的沸点低于 100℃，如用普通饭锅煮饭，则会夹生。高差小是高原与山脉的不同之处，尽管其产生方式可以相同。不过，高原地区易受河流和冰川的侵蚀。

高原类型

按高原面的形态，可将高原分几种类型：一种是顶面较平坦的高原，如中国的内蒙古高原；一种是地面起伏较大，顶面仍相当宽广的高原，如中国青藏高原；一种是分割高原，如中国的云贵高原，流水切割较深，起伏很大，顶面仍较宽广。黄土高原是中国四大高原之一，高原大部分为厚层黄土覆盖。陕西黄土高原地层出露完整，地貌形态多样，是中国黄土自然地理最典型的地区。

不同高原的类型反映高原的起源及其随后受侵蚀的历史，最常见的是构造高原，非洲大部分为这样一种隆起的大陆块，阿拉伯半岛和印度次大陆的德干高原也是同样的地形。规模比较小的高原有断层块和地垒，它们是沿边缘断层系统隆起的高原，或是相邻断块沉降时仍居高处的部分。地垒通常比较大的断层块更易分辨。翘起断块是个变异，这样的高原具有一个比较陡的边和一个徐缓倾斜的地面。

其他类型高缘由坚固的岩石构成，喷出大面积玄武岩熔岩流的火山造成了许多高原。如爱尔兰北部的安特里姆玄武岩高原、美国西北部的哥伦比亚－蛇河流域、衣索比亚以及印度德干高原的西北部。

◎盆地

盆地，就像是一个放在地上的大盆子，所以人们就把四周高，中部低的盆状地形称为盆地。地球上最大的盆地在东非大陆中部，叫刚果盆地或扎伊尔盆地，面积约相当于加拿大的 1/3。这是非洲重要的农业区，盆地边缘有着丰富的矿产资源。

盆地分布

中国有四大盆地，多分布在地势第二阶梯上。塔里木盆地是中国最大

的内陆盆地，盆地中塔克拉玛干沙漠是中国最大的沙漠。准噶尔盆地呈不等边三角形；盆地多风蚀地形，沙漠面积较小。柴达木盆地在青藏高原上，海拔 2 600～3 100 米，是中国地势最高的盆地，东南多盐湖沼泽。四川盆地是中国著名的红土盆地，是中国各大盆地中形态最典型、纬度最南、海拔最低的盆地。

盆地的形成

盆地主要是由于地壳运动形成的，在地壳运动作用下，地下的岩层受到挤压或拉伸，变得弯曲或产生了断裂就会使有些部分的岩石隆起，有些部分下降，如下降的那部分被隆起的那些部分包围，盆地的雏形就这样形成了。

※ 刚果盆地

许多盆地在形成以后还曾经被海水或湖水淹没过，像四川盆地、塔里木盆地、准噶尔盆地等，都遭遇过这样的经历。后来，随着地壳的不断抬升，加上泥沙的淤积，盆地内部的海、湖慢慢地退却干涸，只剩下一些河水或小溪了。但是，那些曾经存在过的海、湖河流中，曾经生活过的大量生物死亡以后被埋入淤泥中，就会成为形成石油、煤炭的物质基础，这就是科学家们非常关注盆地研究的重要原因。盆地中的岩石沉积大多相对比较完整而连续，生活在那里的动物、植物死后也比较容易保存成化石，所以盆地也是古生物学家们寻找化石的好去处。

另外，还有一些盆地，主要是由地表外力，比如风力、雨水等破坏作用而形成的。河流沿着地表岩石比较软弱的地方向下侵蚀、切割形成各种不同大小的河谷盆地，在我国西北部广大干旱地区，风力特别强，把地表的沙石吹走以后，形成了碟状的风蚀盆地。甘肃、内蒙古和新疆等地区的一些盆地就是这样形成的。

在一些地下有石灰岩发育的地区，常年流动的地下水会使那里的岩石溶解，引起地表的岩石塌陷，也会形成盆地，地质学家们把这类成因的盆地称为岩溶盆地。我国西南云贵高原和广西等地就有很多这种类型的盆地。

▶知识窗

　　世界主要高原有：南极高原、巴西高原、伊朗高原、青藏高原、南非高原、拉布拉多高原、东非高原、埃塞俄比亚高原、蒙古高原、阿拉伯高原、德干高原、中西伯利亚高原、圭亚那高原、巴塔哥尼亚高原等。中国的主要高原有：黄土高原、内蒙古高原、青藏高原、云贵高原等。

　　世界最大盆地刚果盆地，位于非洲中部，非洲最大盆地，也是世界上最大的盆地，又称扎伊尔盆地，位于非洲中西部。赤道横贯中部。主要包括扎伊尔、刚果东北部、中非南部，大部分在刚果民主共和国境内。呈方形，赤道横贯中部。面积约 337 万平方千米。原为内陆湖，因地盘上升和湖水外泄，形成典型的大盆地。是前寒武纪非洲古陆块的核心部分。由古老的变质花岗岩、片麻岩、片岩、石英岩等组成。从盆地边缘向中央的岩层分布由老到新，依次为太古代基底杂岩、二叠—三叠纪砾岩、石灰岩和砂岩、侏罗纪卡罗系砂岩、洪积世和现代沉积。

|拓展思考|

1. 我国受水蚀最强烈的是哪个高原？

2. "远看成山，近看成川"描绘的是哪个高原？

3. 世界最高的高原是哪个高原？海拔多少？

矿物与宝石

Kuang Wu Yu Bao Shi

◎矿物

矿物指由地质作用形成的天然单质或化合物，它们具有相对固定的化学组成，还具有确定的内部结构，呈固态者。它们在一定的物理化学条件范围内稳定，是组成岩石和矿石的基本单元。绝对的纯净物是不存在的，所以这里的纯净物是指物质化学成分相对单一的物质。

矿物形成

矿物的形成与岩浆作用有很大关系，岩浆作用发生于温度和压力均较高的条件下，从岩浆熔融体中结晶析出橄榄石、辉石、闪石、云母、长石、石英等主要造岩矿物，他们组成了各类岩浆岩。同时还有铬铁矿、铂族元素矿物、钒钛磁铁矿、金刚石、铜镍硫化物以及含磷、铌、锆、钽的矿物形成。伟晶作用中矿物在70℃～400℃、外压大于内压的封闭系统中生成，所形成的矿物颗粒粗大。除长石、云母、石英外，还有富含挥发组分氟、硼的矿物如黄玉、电气石，含锂、铍、铷、铯、铌、钽、稀土等稀有元素的矿物如锂辉石、绿柱石和含放射性元素的矿物形成。热液作用中矿物从气液或热水溶液中形成。高温热液（40℃～300℃）以钨、锡的氧化物和钼、铋的硫化物为代表；中温热液（30℃～200℃）以铜、铅、锌的硫化物矿物为代表；低温热液（200℃～50℃）以砷、锑、汞的硫化物矿物为代表。此外，热液作用还有石英、方解石、重晶石等非金属矿物形成。

※ 金刚石

风化作用中形成的矿物可在阳光、大气和水的作用下，风化成一些在地表条件下稳定的其他矿物，如高岭石、硬锰矿、孔雀石、蓝铜矿等。金属硫化物矿床经风化产生的 $CuSO_4$ 和 $FeSO_4$ 溶液，渗至地下水面以下，再与原生金属硫化物反应，可产生含铜量很高的辉铜矿、铜蓝等，从而形成铜的次生富集带。化学沉积中，由真溶液中析出的矿物如石膏、石盐、钾盐，硼砂等；由胶体溶液凝聚生成的矿物如鲕状赤铁矿、肾状硬锰矿等。生物沉积可形成如硅藻土（蛋白石）等。

区域变质作用形成的矿物趋向于结构紧密、比重大而且不含水。在接触变质作用中，当围岩为碳酸盐岩石时，可形成夕卡岩，它由钙、镁、铁的硅酸盐矿物如透辉石、透闪石、石榴子石、符山石、硅灰石、硅镁石等组成。后期常伴随着热液矿化形成铜、铁、钨和多金属矿物的聚集。围岩为泥质岩石时可形成红柱石、堇青石等矿物。

矿物形态

矿物千姿百态，就其单体而言，它们的大小悬殊，有的肉眼或用一般的放大镜可见（显晶），有的需借助显微镜或电子显微镜辨认（隐晶）；有的晶形完好，呈规则的几何多面体形态，有的呈不规则的颗粒存在于岩石或土壤之中。矿物单体形态大体上可分为三向等长（如粒状）、二向延展（如板状、片状）和一向伸长（如柱状、针状、纤维状）三种类型。而晶形则服从一系列几何结晶学规律。

矿物单体间有时可以产生规则的连生，同种矿物晶体可以彼此平行连生，也可以按一定对称规律形成双晶，非同种晶体间的规则连生称浮生或交生。

矿物集合体可以是显晶或隐晶的，隐晶或胶态的集合体常具有各种特殊的形态，如结核状（如磷灰石结核）、豆状或鲕状（如鲕状赤铁矿）、树枝状（如树枝状自然铜）、晶腺状（如玛瑙）、土状（如高岭石）等。

矿物分类

从矿物的分类及矿物成分来看，矿物分成单质和化合物两种。单质是由一种元素组成的矿物，如金刚石的成分是碳，金成分是 Au。化合物则是由阴阳离子组成的。

矿物分为下列大类：自然元素矿物、硫化物及其类似化合物矿物、卤化物矿物、氧化物及氢氧化物矿物、含氧盐矿物（包括硅酸盐、碳酸盐、磷酸盐、砷酸盐、硼酸盐、钒酸盐、硫酸盐、钼酸盐、硝酸盐、钨酸盐、铬酸盐矿物等）。

◎宝石

宝石是岩石中最美丽而贵重的一类，从宝石学看，宝石的概念有广义和狭义之分。广义的概念宝石和玉石不分，泛指宝石，指的是色彩瑰丽、坚硬耐久、非常稀少，并可琢磨、雕刻成首饰和工艺品的矿物或岩石，包括天然的和人工合成的，也包括部分有机材料。狭义的概念有宝石和玉石之分，宝石指的是色彩瑰丽、晶莹剔透、坚硬耐久、稀少，并可琢磨成宝石首饰的单矿物晶体，包括天然的和人工合成的，如钻石、蓝宝石等；而玉石是指色彩瑰丽、坚硬耐久、稀少，并可琢磨、雕刻成首饰和工艺品的矿物集合体或岩石，如翡翠、软玉、独山玉、岫玉等，同样既包括天然的，又包括人工合成的。

玉石也有广义和狭义之分，广义包括许多种用于工艺美术雕琢的矿物和岩石。狭义仅指硬玉（以缅甸翡翠为代表）和软玉（以和田玉为代表）。至于彩石，则是指大理石等颜色和质地较美观细腻而硬度较低、光泽不强但能符合加工工艺要求的低档工艺美术石材。

钻石：透明色美的钻石是非常贵重的宝石，因其具很高的硬度，辉度和火彩（具强色散性），所以在宝石中是无与伦比的，因此成为最受人们欢迎的宝石，其中透明物色或蓝色的宝石价值最高。评价钻石主要依据是重量，颜色，洁净度和切工四大因素。

彩色宝石：指那些有颜色的宝石，比如红宝石、蓝宝石、海蓝宝石、猫眼宝石、变色宝石、黄晶宝石、欧泊、碧玺、锆石宝石、橄榄绿宝石、尖晶宝石、石榴石宝石、翡翠绿宝石、石英猫眼、绿松石、青金石、祖母绿、珍珠等。

玉石：这一类别是专门针对中国人划分的，指翡翠和白玉等多晶体集合体矿物。而钻石和彩色宝石都是单晶体。

玉从色彩上分有：白玉、碧玉、青玉、墨玉、黄玉、绿玉、黄岫玉、京白玉等。从地域上分有：新疆玉、河南玉、岫岩玉（又名新山玉）、澳洲玉、独山玉、南方玉、加拿大玉等，而其中新疆和田玉是我国的名特产。

玛瑙：从色彩上分有：白、灰、红、绿、黄、兰、胆青、鸡血、羊肝、

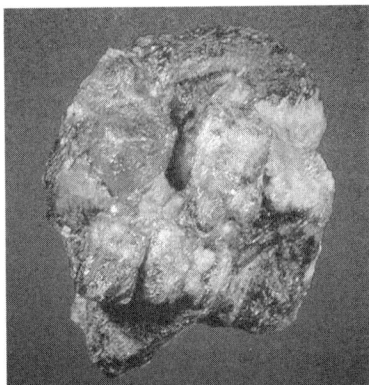

※ 祖母绿

黑玛瑙等。从花纹上分有：灯草、缠丝、藻草、玳瑁玛瑙等。在我国的东北、内蒙、云南、广西均有出产。且有含水玛瑙，称为水胆玛瑙。

石：包括寿山石、青金石、芙蓉石、绿松石、木变石（又名虎皮石）、兰纹石、羊肝石、虎睛石、桃花石（又称京粉翠）孔雀石、东陵石等，其中绿松石是我国湖北郧阳一带的名产。

晶：白水晶、紫黄晶、红水晶、紫水晶、黄水晶、粉晶、蓝水晶、钛晶、墨晶、软水晶、鬃晶、幽灵晶、茶晶（又名烟晶）、发晶。我国南北各地均有出产，其中江苏东海县盛产天然水晶。

翡翠：具有紫、灰、黄、红、白等色，但以绿色为贵，他是我国近邻缅甸的名特产。

珊瑚：分红、白两色，是一种海底腔肠动物化石，我国台湾省出产的质量很好。

珠：珍珠（海水珍珠、淡水珍珠）、养珠（海水养珠、淡水养珠）。

▶ 知 识 窗

中国习惯上把具有金属或半金属光泽的，或可以从中提炼某种金属的矿物，称为某某"矿"，如方铅矿、黄铜矿；把具玻璃或金刚光泽的矿物称为某某"石"，如方解石、孔雀石；把硫酸盐矿物常称为某"矾"，如胆矾、铅矾；把玉石类矿物常称为某"玉"，如硬玉、软玉；把地表松散矿物常称为某"华"，如砷华、镍华、钨华。至于具体命名则又有各种不同的依据。有的依据矿物本身的特征，如成分、形态、物性等命名；有的以发现、产出该矿物的地点或某人的名字命名。例如锂铍石 liberite（成分）、金红石 rutile（颜色）、重晶石 barite（比重大）、十字石 staurolite（双晶形态）、香花石 hsianghualite（发现于湖南临武香花岭）、彭志忠石 pengzhizhongite（纪念中国结晶学家和矿物学家彭志忠）等。

| 拓展思考 |

1. 矿物与宝石是怎样形成的？
2. 简述宝石中水的类型及特点。
3. 影响矿物宝石化学成分的因素是什么？

气象与气候

Qi Xiang Yu Qi Hou

◎气象

气象指的是发生在天空中的风、云、雨、雪、霜、虹、晕、露、闪电、打雷等一切天气的物理现象。

气象学

气象学研究的对象是大气层内各层大气运动的规律、对流层内发生的天气现象以及地面上旱涝冷暖的分布等。如云、雾、雨、雪、冰雹、雷电、台风、寒潮等都是人们常见的天气现象。它的研究范围是地球表面的大气层，厚约 3000 千米，自下而上可分为对流层、平流层、中间层、暖层和外层。

晕。天空中有一层高云，阳光或月光透过云中的冰晶时发生折射和反射，便会在太阳或月亮周围产生彩色光环，光环彩色的排序是内红外紫。称这七色彩环为日晕或月晕，统称为晕。其中 22° 晕最为常见，他的半径为 22° 偶尔也可看到角半径为 46° 的晕和其他形式的与晕相近的光弧。由于有卷层云存在才会出现晕，而卷层云常处在离锋面雨区数百千米的地方，随着锋面的推进，雨区不久可能就会到来，因此晕往往成为阴雨天气的先兆。

虹和霓。含七种色光的太阳光线，射入大气中的水滴（雨滴或雾滴），各种色光经历折射和反射后，可在雨幕或雾幕上形成彩色光弧环。当光弧环对观测者所张的角半径约为 42°，光环的彩色排序是内紫外红时，就将它称为虹。在虹的外面，有时还出现较虹弱的彩色光环，光环对观测者所张的角半径约为 52°，彩色环的排序与虹相反即内红外紫，称为霓或副虹。虹和霓都要背对太阳而立才能观察到。在夏日的傍晚，西方放晴而东方天空有云雨时，最易看到虹和霓。

气象观察法

气压测量。气象上常用的测定仪器有液体（如水银）气压表和固体

※ 彩虹

（如金属空盒）气压表两种。气压记录是由安装在温度少变，光线充足的气压室内的气压表或气压计测量的，有定时气压记录和气压连续记录。人工目测的定时气压记录是采用动槽式或定槽式水银气压表测量的，基本站每日观测 4 次，基准站每日观测 24 次。气压连续记录和遥测自动观测的定时气压记录采用的是金属弹性膜盒作为感应器而记录的，可获得任意时刻的气压记录。采用这些仪器测量的是本站气压，根据本站拔海高度和本站气压、气柱温度等参数可以计算出海平面气压。

湿度测量：湿度有三种基本形式，即水汽压、相对湿度、露点温度。水汽压（曾称为绝对湿度）表示空气中水汽部分的压力，单位以百帕（hPa）为单位，取小数后一位。相对湿度用空气中实际水汽压与当时气温下的饱和水汽压之比的百分数表示，取整数。露点温度是表示空气中水汽含量和气压不变的条件下冷却达到饱和时的温度，单位用摄氏度（℃）表示，取小数一位。配有湿度计时还可以测定相对湿度的连续记录和最小相对湿度。

风的测量：测量风向风速的仪器有 EL 型电接风向风速计，达因风向风速计等，测定的项目有平均风速和最多风向。配有自记仪器的，作了风向风速的连续记录并进行了整理。此外风的测量中还有以风力等级进行观察的，风力等级是根据风对地上物体所引起的现象将风的大小分成 18 级，以 0～17 级的等级数字表示。风力等级观察须在空气不受任何障碍物影响

的地方进行。

由于热量与水分结合状况的差异，或水分季节分配不同，或有巨大的山地、高原存在，同一个气候带内其内部气候仍有一定差异，可进一步划分若干气候类型。例如，大气环流条件不同，同是亚热带气候带，亚欧大陆的东岸是季风气候类型，西岸是地中海气候类型。

◎气候类型

热带气候

热带雨林气候（也称赤道雨林气候）的特点是：全年高温多雨。位于各洲的赤道两侧，向南、北延伸 5°～10° 左右，如南美洲的亚马孙平原，非洲的刚果盆地和几内亚湾沿岸，亚洲东南部的一些群岛等。各月平均气温为 25℃～28℃，全年长夏，无季节变化，年较差一般小于 3℃，而平均日较差可达 6℃～12℃。这些地区位于赤道低压带，气流以上升运动为主，水汽凝结致雨的机会多，全年多雨，无干季，年降水量在 2 000 毫米以上，最少雨月降水量也超过 60 毫米，且多雷阵雨。在这种终年高温多雨的气候条件下，植物可以常年生长，树种繁多，植被茂密成层。

热带干湿季气候（也称热带草原气候）的特点是：全年高温，降水分干季和湿季。这种气候主要分布在赤道多雨气候区的两侧，即南、北纬 5°～15° 左右（有的达 25°）的中美、南美和非洲。它的主要特点，首先是由于赤道低压带和信风带的南北移动、交替影响，一年之中干、湿季分明。当受赤道低压带控制时，盛行赤道海洋气团，且有辐合上升气流，形成湿季，潮湿多雨，遍地生长着稠密草木和灌木，并杂有稀疏的乔木，形成了稀树草原景观。当受信风影响时，盛行热带大陆气团，干燥少雨，形成干季，土壤干裂，草丛枯黄，树木落叶。与赤道多雨气候相比，一年至少有 1～2 个月的干季。其次是全年气温都较高，具有低纬度高温的特色，最冷月平均温度在 16°～18℃ 以上。最热月出现在干季之后、雨季之前。因此，本区气候一般年分干、热、雨三个季节。气温年较差稍大于赤道多雨气候区。

热带干旱与半干旱气候（也称热带荒漠气候）的特点是：全年高温干燥。气温高，有世界"热极"之称。分布于热带干湿季气候区以外，大致在南、北纬 15°～30° 之间，以非洲北部、西南亚和澳大利亚中西部分布最广。热带干旱气候区常年处在副热带高气压和信风的控制下，盛行热带大陆气团，气流下沉，所以炎热、干燥成了这种气候的主要特征。降水极少，年降雨量不足 200 毫米，且变率很大，甚至多年无雨，加以日照强烈，蒸发旺盛，更加剧了气候的干燥性。热带半干旱气候，分布于热带干旱气候区的外缘，其主要特征：一是有一短暂的雨季，年降水量可增至 500 毫米；二是向高纬一侧的气温不如向低纬一侧的高。

热带季风气候的特征是：全年高温，降水分旱季和雨季。主要分布在我国台湾南部、海南岛、雷州半岛，以及中南半岛、印度半岛的大部分地区、菲律宾群岛；此外，在澳大利亚大陆北部沿海地带也有分布。这里全年气温都很高，年平均气温在 20℃ 以上，最冷月一般在 18℃ 以上。年降水量集中在夏季，降水量很大，这是由于夏季在赤道海洋气团控制下，多对流雨，再加上热带气旋过境带来大量降水，因此造成比热带干湿季气候更多的夏雨；在一些迎风海岸，因地形作用，夏季降水甚至超过赤道多雨气候区。年降水量一般在 1 500～2 000 毫米以上。本区热带季风发达，有明显的干湿季，即在北半球冬吹东北风，形成干季；夏吹来自印度洋的西南风（南半球为西北风），降水集中，富含水汽，形成湿季。

亚热带气候

亚热带季风气候的特点是冬季温和湿润（即少雨），夏季高温多雨。出现在北纬 25°～35° 亚热带大陆东岸，它是热带海洋气团和极地大陆气团交替控制和互相角逐交绥的地带。主要分布在我国东部秦岭淮河以南、热带季风气候型以北的地带，以及日本南部和朝鲜半岛南部等地。这里夏季炎热，最热月平均气温大于 22℃；冬季温暖，最冷月平均气温在 0℃ 以上。气温的季节变化十分显著，四季非常分明。年降水量一般在 1 000～1 500 毫米，夏季较多，但无明显干季。同温带季风气候相比，季节变化基本相似，只是冬温较高，年降水量增多。

亚热带夏干气候（也称地中海式气候）的特点是：夏季炎热干燥，冬季温和多雨。位于副热带纬度的大陆西岸，约在纬度 30°～40° 之间，包括地中海沿岸、南美智利中部沿海、美国的加里福尼亚州沿海、南非的南端和澳大利亚的南端。它是处在热带半干旱气候与温带海洋性气候之间的过渡地带。这些地区受气压带季节位移影响十分显著，夏季受副热带高气压控制，气流下沉，因而除大陆西部沿海受寒流影响外，夏温十分炎热，下沉气流不利兴云致雨，所以气候比较干燥；冬季受西风影响，温和湿润。全年雨量适中，年降水量在 300～1 000 毫米之间，主要集中在冬季。

亚热带沙漠气候，亚热带大陆性干旱与半干旱气候，主要分布在亚热带大陆的内部，包括西亚的伊朗高原和安纳托利高原、美国西部的内陆高原以及南美的格栏查科等地。干旱气候的形成是由于深居内陆距海远或因

有山地阻挡，湿润的涵养气流难以到达，而且这里地处亚热带，所以夏季高温，冬季温和。半干旱气候属于由干旱气候向其他气候的过度类型。这里的植被类型属于荒漠草原，通常生长有旱生灌木及禾本科植物，土壤属于半荒漠的淡棕色土。

亚热带草原气候，分布在亚热带，特点基本与热带草原气候相同。

温带气候

温带海洋性气候的特点是：全年温和多雨。位于大陆西岸，南、北纬40°～60°地区。终年处在西风带，深受海洋气团影响，沿岸又有暖流经过，冬无严寒，夏无酷暑，最热月在22℃以下，最冷月平均气温在0℃以上，气温年、日较差都比较小。全年都有降水，秋冬较多，年降水量在1 000毫米以上，在山地迎风坡可达2 000～3 000毫米以上。这种气候在西欧最为典型，分布面积最大，在南、北美大陆西岸相应的纬度地带以及大洋洲的塔斯马尼亚岛和新西兰等地也有分布。

温带大陆性气候的特点是：夏季温暖，冬季寒冷，降水稀少。分布在北纬35°～55°之间的北美大陆东部（西经100°以东）和亚欧大陆温带海洋性气候区的东侧。这种气候在气温、降水的变化上同温带季风气候有些类似，但风向和风力的季节变化不像温带季风气候那么明显。冬季由于气旋活动影响，降水稍多；夏季有对流雨，但夏雨集中程度不像温带季风气候那样显著。天气的非周期性变化也非常大。

温带季风气候的特点是：冬季寒冷干燥，夏季高温多雨。出现在北纬35°～55°左右的亚欧大陆东岸，包括我国华北和东北、朝鲜的大部、日本的北部以及俄罗斯远东地区的一部分。冬季这里受来自高纬内陆偏北风的影响，盛行极地大陆气团，寒冷干燥；夏季受极地海洋气团或变性热带海洋气团影响，盛行东和东南风，暖热多雨，雨热同季。年降水量1 000毫米左右，约有2/3集中于夏季。全年四季分明，天气多变，随着纬度的增高，冬、夏气温变幅相应增大，而降水逐渐减少。

温带阔叶林气候，主要分布在西欧、东亚和北美地区。气候四季分明，冬季寒冷干燥，夏季炎热多雨。最热月平均温度13℃～23℃，最冷月平均温度约-6℃。年降水量500～1 000毫米，也称温带森林气候。

温带草原气候，也称温带荒漠和温带草原气候，主要分布于亚洲和北美大陆的腹地以及南美巴塔哥尼亚高原和潘帕斯等地区。亚洲和北美的此类气候区距海遥远，深入内陆，四周又有山地、高原阻挡，湿润的海洋气流难以到达，终年盛行温带大陆气团，于是形成了冬冷夏热、干燥少雨的温带大陆性干旱与半干旱气候。一般而言，干旱气候的年平均降水量为

250 毫米以下，半干旱气候则为 250～500 毫米。南美的此类气候区地处西风带的大陆东岸，是西风带的雨影区域，且西岸有高大的安第斯山脉，西风过山以后下沉，绝热增温，干燥少雨，加上沿岸又有寒流经过，空气稳定，降水稀少。

※ 温带草原气候

温带大陆腹地沙漠地区的气候，降雨稀少，极端干旱，年平均降水量 200～300 毫米，有的地方甚至多年无雨。冬季寒冷，最冷月平均气温在 0℃以下；夏季炎热，白昼最高气温可达 50℃或以上。气温年较差较大，日较差也较大。云量少，相对日照长，太阳辐射强。自然景观多为荒漠景观，自然植物只有少量的沙生植物。中亚和中国塔里木盆地属沙漠气候。温带半干旱气候在干旱气候的外围，夏季温度比温带干旱气候低，降雨量也比温带干旱气候大。

其他气候

亚寒带大陆性气候。亚寒带大陆性气候（也称亚寒带针叶林气候）。这种气候出现在北纬 50°～65°之间，呈带状分布，横贯北美和亚欧大陆。具体来说，在北美从阿拉斯加经加拿大到拉布拉多和纽芬兰的大部分；在亚欧大陆西起斯堪的纳维亚半岛（南部除外），经芬兰和苏联西部（南界在列宁格勒—高尔基城—斯维尔德洛夫斯克一线）至苏联东部（除南部以外）。北部以最热月 10℃等温线为界。这一带的气候主要受极地海洋气团和极地大陆气团的影响，并为极地大陆气团的源地在暖季，热带大陆气团有时也能伸入；在冬季，北极气团侵入机会很多。该类气候的主要特点是：冬季漫长而严寒，每年有 5～7 个月平均气温 0℃以下，并经常出现 −50℃的严寒天气；夏季短暂而温暖，月平均气温在 10℃以上，高者可达 18℃～20℃，气温年较差非常大；年降水量一般为 300～600 毫米，以夏雨为主。因蒸发微弱，所以相对湿度很高。

极地长寒气候（也称苔原气候），主要分布在北美大陆和亚欧大陆的北部边缘（南以最热月 10℃等温线与亚寒带大陆性气候相接）、格陵兰岛沿海的一部分及北冰洋中的若干岛屿；在南半球则分布在马尔维纳斯群岛、南设得兰群岛和南奥克尼群岛等地。其特点是：全年皆冬，年降水量约 200～300 毫米，以雪为主。一年中只有 1～4 个月月平均气温在 0℃～

10℃之间，冬季酷寒而漫长。地面有永冻层，只有地衣、苔藓等低等植物。

极地冰原气候，分布在极地及其附近地区，包括格陵兰、北冰洋的若干岛屿和南极大陆的冰原高原。这里是冰洋气团和南极气团的发源地，整个冬季处于永夜状态，夏半年虽是永昼，但阳光斜射，所得热量微弱，因而气候全年严寒。各月温度都在 0℃ 以下；南极大陆的年平均气温为 −25℃，是世界上最寒冷的大陆，1967 年挪威人曾测得 −94.5℃ 的绝对最低气温，可堪称是世界"寒极"。地面多被巨厚冰雪覆盖，又多凛冽风暴，所以植物难以生长。

高山高原气候，主要分布于亚洲的喜马拉雅山系、帕米尔高原和青藏高原，欧洲的阿尔卑斯山系以及非洲的乞力马扎罗山等地，南、北美洲的科迪勒拉山系。由于气温、降水等气候要素随地势增高而呈垂直变化，从而形成了垂直气候带结构。不同的山地或高原具有不同的气候带结构，即或是同一个山地或高原，由于其内部坡向、高度与位置等的差异，也往往具有不同的垂直气候带结构。

▶ 知 识 窗

世界气象日是每年的 3 月 23 日。"世界气象日（World Meteorological Day）"又称"国际气象日"，是世界气象组织成立的纪念日，时间在每年的 3 月 23 日。世界气象组织为了纪念世界气象组织的成立和《国际气象组织公约》生效日（1950 年 3 月 23 日）而设立的。每年的"世界气象日"都确定一个主题，要求各成员国在这一天举行庆祝活动，并广泛宣传气象工作的重要作用。

拓展思考

1. 简述气象对农业的影响。
2. 简述气象对航空的影响。
3. 影响气候的因素有哪些？

海湾与海峡

Hai Wan Yu Hai Xia

◎海湾

海湾是一片三面坏陆的海洋，另一面为海，有 U 形及圆弧形等，通常以湾口附近两个对应海角的连线作为海湾最外部的分界线。与海湾相对的是三面环海的海甲，海湾所占的面积一般比峡湾为大。

形成原因

因为伸向海洋的岩海岸带性软硬程度不同，软弱岩层不断遭到侵蚀而向陆地凹进，逐渐形成了海湾；坚硬部分向海突出形成岬角。当沿岸泥沙纵向运动的沉积物形成沙嘴时，使海岸带一侧被遮挡而呈凹形海域。当海面上升时，海水进入陆地，岸线变得十分曲折，凹进的部分即成海湾。海湾由于两侧岸线的遮挡，在湾内形成波影区，使波浪、潮汐的能量降低。沉积物在湾顶沉积形成海滩。当运移沉积物的能量不足时，可在湾口、湾中形成拦湾坝，分别称为湾口坝、湾中坝。

世界十大海湾

孟加拉湾。印度洋北部一海湾，西临印度半岛，东临中南半岛，北临缅甸和孟加拉国，南在斯里兰卡至苏岛一线与印度洋本体相交，经马六甲海峡与暹罗湾和南海相连，是太平洋与印度洋之间的重要通道。面积约为217万平方千米，深度在 2 000～4 000 米之间，南半部较深。沿岸国家包括印度、孟加拉国、缅甸、泰国、斯里兰卡、马来西亚和印度尼西亚。印度和缅甸的一些主要河流均流入孟加拉湾，主要河流有：恒河、布拉马普特拉河、萨尔温江、伊洛瓦底江、克里希纳河等等。孟加拉湾中著名的岛屿包括安达曼群岛、斯里兰卡岛、尼科巴群岛、普吉岛等。孟加拉湾沿岸贸易十分发达，主要港口有：印度的加尔各答、金奈、本地治里、孟加拉国的吉大港、缅甸的仰光、毛淡棉、泰国的普吉、马来西亚的槟榔屿、印度尼西亚的班达亚齐、斯里兰卡的贾夫纳等等。

墨西哥湾。墨西哥湾是北美洲南部大西洋的一海湾，以佛罗里达半岛

※ 墨西哥湾

一古巴—尤卡坦半岛一线与外海分割,东西长约 1 609 千米,南北宽约 1 287 千米,面积 154.3 万平方千米。平均深度 1 512 米。最深处 4 023 米。由世界第四大河密西西比河由北岸注入。北为美国,南、西为墨西哥,东经佛罗里达海峡与大西洋相连,经尤卡坦海峡与加勒比海相接,是著名的墨西哥湾洋流的起点。大陆沿岸及大陆架富藏石油、天然气和硫磺等矿产。湾内有新奥尔良、阿瑟、休斯敦、坦皮科等重要港口。

几内亚湾。几内亚湾位于非洲西岸,是大西洋的一部分,面积 153.3 万平方千米。赤道与本初子午线在这里交汇。几内亚湾有尼日尔河、刚果河、沃尔特河注入,为海湾带来大量有机沉积物,经过数百万年形成了石油。

阿拉斯加湾。位于美国阿拉斯加州南缘,西邻阿拉斯加半岛和科迪亚克岛,东接斯潘塞角。面积 153.3 万平方千米,平均水深 2 431 米,最大水深 5 659 米,太平洋东北部一个宽阔海湾。沿岸多峡湾和小海湾。陆地上的河流不断地把断裂下来的冰山和河谷中的泥沙、碎石带入海湾中。沿岸主要港口有奇尔库特港等。大陆沿岸地区多火山,渔业资源较丰富。

哈德逊湾。哈德逊湾位于加拿大东北部巴芬岛与拉布拉多半岛西侧的大型海湾,面积约 120 万平方千米,平均水深 257 米。北部时常有北极熊出现,主要港口有彻奇尔等。

卡奔塔利湾。卡奔塔利湾位于澳大利亚东北部。

巴芬湾。是在一个位于大西洋与北冰洋之间的海，巴芬湾其实是大西洋西北部在格陵兰岛与巴芬岛之间的延伸部分。巴芬湾是英国航海家威廉·巴芬航行此地后，依照其名字命名的。以戴维斯海峡到内尔斯海峡计算，巴芬湾南北长 1 450 千米，面积为 689 000 平方千米。

大澳大利亚湾。西起澳大利亚的帕斯科角，东至南澳大利亚州的卡诺特角。东西长 1 159 千米，南北宽 350 千米，面积约 48.4 万平方千米。海湾北岸近海区水浅，向远海深度逐渐加深，平均水深 950 米，最大水深 5 600 米。海岸平直，有连绵不断的悬崖。素以风大浪高闻名，冬季在强劲西北风控制下风浪甚大，船舶难以停泊，只有东岸的斯特里基湾风浪较小能安全停泊。海湾内有勒谢什群岛、纽茨群岛和调查者号群岛。林肯港为大澳大利亚湾中的主要港口。

波斯湾。波斯湾位于阿拉伯半岛与伊朗之间，阿拉伯语中也称作阿拉伯湾，通过霍尔木兹海峡与阿曼湾相连，总面积约 23.3 万平方千米，长 990 千米，宽 58～338 千米。水域不深，平均深度约 50 米，最深约 90 米。它是底格里斯河与幼发拉底河出海的地方。北至东北至东方与伊朗相邻，西北为伊拉克和科威特，西到西南方为沙特阿拉伯、巴林、卡塔尔、阿拉伯联合酋长国、阿曼。

暹罗湾。又称泰国湾，是泰国的南海湾，其东南部通南中国海，柬埔寨、泰国、越南濒临其北部和东部，泰国、马来西亚在其西部。水域面积大约 32 万平方千米，平均水深（浅）仅 45 米，平均盐度为 3.5％。

◎海峡

海峡是指两块陆地之间连接两个海或洋的较狭窄的水道，深度较大，水流较急。海峡的地理位置非常重要，不仅是交通要道、航运枢纽，而且历来是兵家必争之地。因此，人们常把它称之为"海上走廊""黄金水道"。据统计，全世界共有海峡 1 000 多个，其中适宜于航行的海峡约有 130 多个，交通较繁忙或较重要的只有 40 多个。

海峡特征

通常位于两个大陆或大陆与邻近的沿岸岛屿以及岛屿与岛屿之间。其中有的沟通两洋（如麦哲伦海峡沟通大西洋与太平洋），有的沟通两海（如台湾海峡沟通东海与南海），有的沟通海和洋（如直布罗陀海峡沟通地中海与大西洋）。全世界有上千个海峡，其中著名的约有 50 个。

海峡是由海水通过地峡的裂缝经长期侵蚀，或海水淹没下沉的陆地低凹处而形成的。一般水较深，水流较急且多涡流。海峡内的海水温度、盐度、水色、透明度等水文要素的垂直和水平方向的变化较大。底质多为坚硬的岩石或沙砾，细小的沉积物较少。

海峡分类

海峡在军事及航运上占有重要位置。根据海峡水域同沿岸国家的关系，分为：

内海海峡，位于领海基线以内，是沿岸国的内水，航行制度由沿岸国自行制定，如中国的琼州海峡。

领海海峡，宽度在两岸领海宽度以内者，通常允许外国船舶享有无害通过权。如海峡两岸分属两国，通常其疆界线通过海峡的中心航道，其航行制度由沿岸国协商决定；如系国际通航海峡，则适用过境通行制度。

非领海海峡，宽度大于两岸的领海宽度，在位于领海以外的海峡水域中，一切船舶均可自由通过。

世界上重要的海峡

据不完全统计，世界上较大的海峡大约有 50 多个。船只通过量居首位的海峡是位于欧洲大陆和大不列颠岛之间，连接北海和大西洋的英吉利

※ 直布罗陀海峡

海峡和多佛尔海峡，日通行船只在 5 000 艘左右。其次是位于马来半岛和印度洋之间，连接太平洋和印度洋的马六甲海峡，人称东南亚的"十字路口"；位于伊朗和阿拉伯半岛之间，连接波斯湾和阿拉伯湾的霍尔木兹海峡；位于西班牙和摩洛哥之间，连接大西洋和地中海的直布罗陀海峡。

海峡之间在长度、宽度和深度等方面相差悬殊。世界最长的海峡是位于马达加斯加岛和非洲大陆之间，沟通南、北印度洋的莫桑比克海峡，全长约为 1 670 千米；最宽的海峡是位于南美洲火地岛和南极半岛之间，沟通南太平洋和南大西洋的德雷克海峡，最狭窄处的宽度达 900 千米；深度最大的海峡也是德雷克海峡，最大深度达 5 840 米。

直布罗陀海峡是地中海通向大西洋的唯一出口。从霍尔木兹海峡开出的油轮，源源不断地将石油运往欧美各国，被人们称为"西方世界的生命线"。

白令海峡则身兼多职，它是连接太平洋和北冰洋的水上通道，也是两大洲（亚洲和北美洲）、两个国家（俄罗斯和美国）、两个半岛（阿拉斯加半岛和楚克奇半岛）的分界线。

世界上较重要的海峡还有：位于我国台湾岛和菲律宾吕宋岛之间，沟通太平洋和南海海域的巴士海峡；位于阿拉伯半岛西南南非和非洲大陆之间，沟通印度洋、亚丁湾和红海的曼德海峡；位于土耳其的亚洲部分和欧洲部分之间，沟通黑海和地中海的黑海海峡（博斯普鲁斯海峡、马尔马拉海峡和达达尼尔海峡的总称）等。

▶ **知识窗** ┄┄┄┄┄┄┄┄┄┄┄┄┄┄┄┄┄┄┄┄┄┄┄┄

我国的主要海峡有 3 个：沟通东海和南海的台湾海峡，全长 380 千米；沟通渤海和黄海的渤海海峡，全长 115 千米；沟通南海和北部湾的琼州海峡，全长 70 千米。

┄┄┄┄ **拓展思考** ┄┄┄┄

1. 简述海湾与海峡的形成因素。
2. 海湾海峡对世界航运有什么影响。